生活中的化学系列丛书

化妆品中的化学
——让美丽内外兼修

姜春鹏　田小幺　王嘉一　编著

石油工业出版社

内容提要

本书分为个人清洁产品、护理产品及彩妆世界三部分，从化学、生物学和皮肤生理学的角度介绍了与人们生活息息相关的化妆品常识，从而能有效地指导广大读者摆脱误区，选择适合自己的化妆用品。本书内容丰富，图文结合，是一本可读性很高的科普读物。

本书适合大众读者，尤其是关注护肤的女性读者阅读参考。

图书在版编目（CIP）数据

化妆品中的化学：让美丽内外兼修 / 姜春鹏，田小
幺，王嘉一编著. —北京：石油工业出版社，2020.1
（生活中的化学系列丛书）
ISBN 978-7-5183-3663-0

Ⅰ.①化⋯ Ⅱ.①姜⋯ ②田⋯ ③王⋯ Ⅲ.①化妆品
—应用化学 Ⅳ.①TQ658

中国版本图书馆CIP数据核字（2019）第225645号

出版发行：石油工业出版社
（北京安定门外安华里2区1号楼 100011）
网址：www.petropub.com
编辑部：（010）64523738 图书营销中心：（010）64523633
经 销：全国新华书店
印 刷：北京中石油彩色印刷有限责任公司

2020年1月第1版 2020年1月第1次印刷
889×1194毫米 开本：1/32 印张：5.25
字数：120千字

定价：58.00元
（如出现印装质量问题，我社图书营销中心负责调换）

前言

　　去年初春的一个下午，我和几个朋友一起喝茶。其间，某位理工直男抱怨到自己的太太，每天至少花几个小时涂抹各种不同功效的化妆品，而且一旦有网红或朋友推荐了某新品，就一定要试试，无论是网购还是代购，不达目的决不罢休。他问我："是不是所有的化妆品都能达到宣称中的功效？那些网红品牌到底靠不靠谱？听说化妆品里含重金属，是不是确有其事？每天都往脸上涂化妆品，会不会反而让皮肤变得更差？……"我听了他的问题，心想：虽然这家伙嘴上总是抱怨，其实还是蛮关心他太太的。于是，我就运用这十几年来所学的化学知识以及行业内的研究经验，对他的问题逐一进行了解答。整整说了一个半小时，万万没想到，席间的各位理工男都听得津津有味。其中，一位出版社的朋友一拍大腿说："哎！你为什么不把这些知识写成书，分享给更多的人呢？"这的确是个好主意，于是我们就开始策划这本书。

　　在如今这个信息爆炸、新零售异军突起、产品更迭速度暴增的时代，消费者们面对着极多的选择，要甄选出适合自己的化妆品，的确需下一番功夫，最好能掌握一些护肤方面的化学知识。而网络上的信息往往都掺杂着商业利益，不一定是客观公正的。因此，我们尽量基于科学事实，把这些知识通俗地讲给大家听。那些关注护肤的女性消费者们，自然是本书的目标读者。当然，关心自己太太或女朋友的男士们，不妨也读读本书，这样可以更好地呵护你们的爱人。

　　本书按照护肤的顺序分为三章，即清洁、护理和彩妆，力争让读者看起来比较顺畅。每一章又分为若干小节，每个小节讲授一个知识点。这些知识点既有关联性，又相互独立，这是为了适应当今碎片化阅读的模式。当你在地铁上随手翻开本书的一页进行阅读时，不会有"跟不上"或者"不知道上下文"的感觉。并且为了把知识点讲得更生动，还精心设计了简笔画。

　　在本书的创作中，我们请到了化妆品行业的大咖姜春鹏先生前来助阵。姜先生把全书的框架梳理得更为清晰，并且亲自执笔为每一章都撰写了重要内容。需要指出的是，本书只涉及基础知识的普及，不涉及任何商业机密的揭露。虽然我们尽量保证知识的正确性，但受到个人水平和目前研究水平的限制，不排除某些知识点会被证明是不准确的或有待更新的。

田小幺　王嘉一

2019年于飞机上

目 录

1 探秘第一波——个人清洁产品

1.1 产品配方知多少 / 2

　1.1.1 配方成分的排列顺序大有名堂 / 2

　1.1.2 表面活性剂——去污全靠它 / 4

　1.1.3 清洁产品里也有滋润皮肤的成分 / 6

　1.1.4 吸进的香味，呼出的是化学式 / 8

　1.1.5 什么是温和的产品？ / 10

　1.1.6 我用的产品有防腐剂吗？ / 12

　1.1.7 什么是荧光剂？ / 14

　1.1.8 荧光剂有什么用？ / 16

1.2 使用体验好等于功效好吗？ / 18

　1.2.1 为什么香皂比沐浴液更容易冲干净？ / 18

　1.2.2 细腻而丰富的泡沫就是滋润吗？ / 20

　1.2.3 到底什么给我丝滑的感觉？ / 22

1.3 洗发水与秀发 / 24

　1.3.1 头发总出油怎么破？ / 24

　1.3.2 雪花飞舞的头皮屑 / 26

1.3.3　硅油到底犯了什么错？　/ 28

1.3.4　硅油如何沉积到头发上？　/ 30

1.4　皮肤清洁那点事　/ 32

1.4.1　过度清洁造成的皮肤屏障受损　/ 32

1.4.2　皮肤上的细菌都有害吗？　/ 34

1.4.3　穿上软猬甲，抵御外来病菌侵袭　/ 36

1.4.4　去角质产品的秘密之一　/ 38

1.4.5　去角质产品的秘密之二　/ 40

1.4.6　泡澡神器之浴盐　/ 42

1.4.7　泡澡神器之浴盐球　/ 44

1.4.8　痘痘都是上火惹的祸吗？　/ 46

1.4.9　战痘利器水杨酸　/ 48

1.5　香皂中的黑科技　/ 50

1.5.1　合成皂　/ 50

1.5.2　透明皂　/ 52

1.5.3　手工皂　/ 54

1.5.4　概念皂　/ 56

1.6　我怕雾霾　/ 58

1.6.1　浅谈PM$_{2.5}$的危害　/ 58

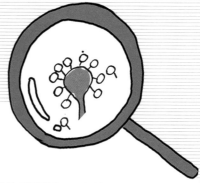

1.6.2　个人洗护产品对抗PM$_{2.5}$　/ 60

1.7　绽放你的美丽笑容　/ 62

1.7.1　伶牙俐齿，无氟不强　/ 62

1.7.2　牙齿美白，表面也需硬功夫　/ 64

2　探秘第二波——护理产品

2.1　爽肤水产品探秘　/ 68

2.1.1　爽肤水的清凉感从何而来？　/ 68

2.1.2　天然水喷雾凭什么赚我那么多钱？　/ 70

2.2　面膜产品探秘　/ 72

2.2.1　面膜里的布是什么？　/ 72

2.2.2　面膜中的精华液　/ 74

2.2.3　面膜界的"浩克"　/ 76

2.3　护肤必备品——面霜　/ 78

2.3.1　面霜是怎么做出来的？　/ 78

2.3.2　保湿很重要　/ 80

2.3.3　一白百媚生，阻击黑色素　/ 82

2.3.4　远离有毒美白成分　/ 84

2.3.5 冻龄肌肤，抗衰老 / 86

2.3.6 紧致皮肤靠拉皮？ / 88

2.4 美肤新宠 / 90

2.4.1 精华与面霜有什么不同？ / 90

2.4.2 安瓶是什么？ / 91

2.4.3 精华一定要让你看到 / 92

2.5 防晒真的很重要 / 94

2.5.1 无处不在的光 / 94

2.5.2 读懂SPF，买对防晒霜 / 96

2.5.3 乱花渐欲迷人眼，拿什么防晒？ / 98

2.5.4 防晒冷知识 / 100

2.6 明星护肤大法器 / 102

2.6.1 昔日王谢堂前燕——透明质酸 / 102

2.6.2 当产品成为传奇 / 104

2.6.3 神奇的胜肽 / 106

2.6.4 珍贵的植物精油 / 108

2.6.5 花露 / 110

2.7 护肤品中你不知道的事 / 112

2.7.1 原材料中的杂质 / 112

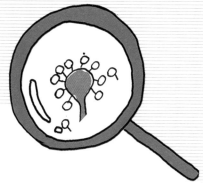

2.7.2　越黏越有料吗？　/ 114

2.7.3　一抹就化，面霜瞬间被吸收　/ 116

2.7.4　闪闪亮的珠光效果　/ 118

2.7.5　涂抹顺序大有讲究　/ 120

2.8　再来说点儿护发科技　/ 122

2.8.1　大风起兮，吹乱我毛糙的头发　/ 122

2.8.2　头发是"死"的，还是"活"的?　/ 124

3　探秘第三波——彩妆世界

3.1　化妆就是一层层涂"金"　/ 128

3.1.1　隔离霜隔离了什么？　/ 128

3.1.2　涂上粉底液，肤色"格式化"　/ 130

3.1.3　白里透红靠粉饼　/ 132

3.2　怀念你那鲜红的唇印　/ 134

3.2.1　吃掉口红会中毒吗？　/ 134

3.2.2　口红也会出汗　/ 136

3.2.3　为什么会留下唇印？　/ 138

3.2.4　口红能当润唇膏用吗？　/ 140

3.3　传情都在眉目间　／ 142

　　3.3.1　一刷长一倍，双眸更妩媚　／ 142

　　3.3.2　眉笔vs眼线笔　／ 144

　　3.3.3　魅惑的不是眼神，而是眼影　／ 146

3.4　上妆不易，卸妆更难　／ 148

　　3.4.1　卸妆油，几步之遥？　／ 148

　　3.4.2　水乳卸妆　／ 152

3.5　指甲油——游走于危险边缘的美丽　／ 154

1
探秘第一波——个人
清洁产品

1.1 产品配方知多少

1.1.1 配方成分的排列顺序大有名堂

当我们从商场的货架上拿起一瓶洗发水或者护肤品时，除了打开它的盖子闻闻味道，时常还会翻看包装背面的成分列表，来寻找广告中宣称的天然成分。然而，你真的看得懂成分列表吗？

从2010年起，化妆品行业施行全成分标识，所有在中国境内生产或者进口的化妆品都必须在包装上标注成分。自从这个规定实施后，全民都成了配方的解读大师，因为只需百度一下，就能知道各种成分的功能。然而，原材料的质量，各种成分之间的配伍关系，以及生产工艺对其"处理"方式才是决定产品性能的关键。比如，相同配方的产品可能有截然不同的表现，这就好像同样的食材只有在才艺双全的大厨手中才能成为色香味俱全的美味佳肴。

不过，可以从成分列表的排列顺序上大致了解产品的功效，因为按照规定，含量大于1%的成分需要按照"从多到少"的顺序排列。比如，水作为最主要的溶剂和分散剂，通常列在第一位。进口产品中常常标注的Aqua，其实就是水的意思。不过，这个规定中也有一个黄金法则，即含量在1%以下的成分可以随意排列。因此，有些含量比防腐剂还要少的成分就大摇大摆地挤到了前排，显得很多的样子。那么，如果可以"锚定"哪些成分的含量在1%左右，就可以大致地判断出，排在其后的润肤成分或者天然物质是否仅仅是个噱头而已。

通常，在个人洗护产品中，香精的含量在1%左右，可以作为"锚点"。而在护肤品中，香精的含量则远低于1%，寻找"锚点"需要另辟蹊径。如果是含有去角质成分的美白祛痘产品，其去角质成分（比如果酸或水杨酸）的含量为1%～3%，可以作为这类产品的"锚点"。

这里想奉劝读者，掌握一点配方的基础知识，有助于在纷繁复杂的化妆品世界中找到适合自己的产品，但是千万不要走极端，变成一个成分党，因为产品的总体性能绝对不是成分功能的简单堆砌。

成分列表中的一些名称会令人浮想联翩，比如：

- 氢氧化钾，其实是用来调节pH值的，加入产品中就被中和成水和盐了。
- "神经酰胺"和"神经"其实没有什么关系。神经酰胺会影响细胞生长、分化、老化及凋亡过程。它其实是皮肤表皮角质层的天然组分之一，用于化妆品中的神经酰胺，能起到很好的保湿、维护皮肤屏障和抗老化的作用。
- 化妆品中的"咖啡因"与我们平常喝的咖啡是不一样的，由于不会通过吸收进入血液，所以不会产生兴奋的感觉，也不会"上瘾"。护肤品中的咖啡因主要起到抗氧化、抗炎、调节肌肤水分的作用。

1.1.2　表面活性剂——去污全靠它

你知道各种清洗产品的发动机是什么吗？无论是洗面奶、沐浴露、洗发水，还是香皂，其核心功能成分都是一类称为"表面活性剂"的物质。

顾名思义，表面活性剂可以活化材料的表面，使原来"惰性"的油脂与水混合在一起，形成"乳化"现象。"化油为水"的神奇功效，要归功于表面活性剂的特殊结构：一端有亲水的脑袋，可以如同船锚一般浸入水中；另一端是长长的亲油尾巴，可以像渔网一样将油脂牢牢地缠绕起来。这样，表面活性剂一端抓着水，另一端抓着油，就把油质从皮肤或头发表面拉下来，分散到水中去了。

表面活性剂种类繁多，性质各异。一个产品选取原料时通常需要考量各种因素，如清洁力、发泡力、温和性、肤感、易冲洗性及对环境的影响性等。清洁力越高，意味着脱脂性越强，这往往会与温和性相互抵触。另外，发泡能力和清洁性能没有必然的联系，比如非离子型表面活性剂，虽然泡沫不多，但是去油效果很好。

个人清洁护理产品与洗衣洗碗产品相比，需要的清洁能力要低很多，但对于温和性、安全性以及肤感的要求则会高很多，在后面的章节中，会对这些性能分别进行剖析。这里，要奉劝那些"硬汉"们，不要再把洗衣服的肥皂当成洗手的香皂，它们的配方差异是巨大的，一个非常去油污，并且非常刺激皮肤；另一个则是去油效果还不错，并且对皮肤相对柔和。

清洁成分——表面活性剂

Surfactants=Surface Active Agents
两性分子

"疏远"水的尾部 ⬇ 油

"亲近"水的头部 ⬇ 水

表面活性剂的清洁原理

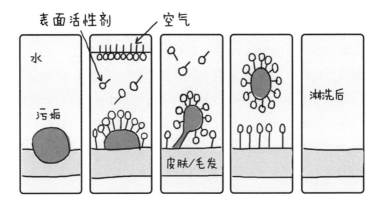

1.1.3 清洁产品里也有滋润皮肤的成分

或许你会认为只有面霜、身体乳等护肤品中才含润肤成分；其实，在沐浴液、洗面奶甚至香皂中也含有一定量的润肤成分，它们可在一定程度上"补偿"清洁产品对皮肤的伤害。

皮肤是人体最大的器官，一方面扮演着守门员的角色，既防止水分流失，又保护身体免受外界因素的伤害，如毒素、污染、病原体等；另一方面，也担当着重要的社交角色，尤其在这个看脸的年代，健康的皮肤至关重要。然而，在我们洗脸、洗澡的时候，清洁产品中的表面活性剂会部分去除皮肤上的"油"，从而降低其屏障功能。

"洗掉一层，再留下一层"是以最简单、直接的方式对皮肤进行补偿。这层留下的物质，可以增强皮肤的封闭性，或者提高皮肤的保水性。

增强封闭性的成分，主要是来自石油、动物，或者植物的烃类和脂类。这些成分与皮脂性质相似，可以给皮肤"打蜡、封釉"。比如，在产品的配方列表中，常常会看到矿物油、大豆油、向日葵油、橄榄油、乳木果油、蜂蜡、角鲨烷、霍霍巴油等，它们就是这类物质。

提高保水性的物质，主要是多元醇类，最常见的就是甘油。它的分子中有三个羟基，如同三把钩子，可以牢牢地抓住水分子。因此，在皮肤上留下一层甘油，就相当于留下了一层水。然而，这种补偿效果不如"打蜡、封釉"来得长久，一方面是因为甘油在皮肤上的沉积效率较低，另一方面是因为甘油在水中的溶解度太高，会随着汗液快速流失。

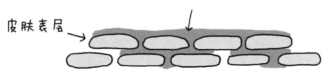

增加皮肤封闭性

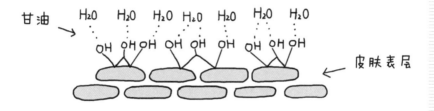

提升皮肤保水性

1.1.4　吸进的香味，呼出的是化学式

在个人清洁产品中，香精是必不可少的元素。甚至那些宣称无香的产品，依然含有少量的香精。那么，为什么要加香精呢？一方面，它能遮盖体味，给人以嗅觉上的愉悦感，比如什么清新优雅、缤纷水果、激情似火、暗夜魅惑等；另一方面，它能掩盖配方中其他原料的"化学"味道，这可能是更重要的原因吧。

这个在配方列表中仅占两个字的"香精"到底是什么呢？其实，它的成分非常复杂，如果把这些成分全列出来，恐怕产品包装的整整一版都写不下。不错，少则几十种，多则几百种，并且绝大多数是有机化合物。比如，我们闻到的花香通常含有苄酯类和醛类物质，注意，这个醛不是甲醛，所以不要恐慌。再比如，水果香型的香精通常含有酯类或内酯类化合物。此外，还有一些常见的香精成分，比如酮类、萜类、醇类等。但是，具体的香精配方就不得而知了，因为无论对于哪个品牌，它都是绝对机密。

香精中的头调、中调和尾调又是什么呢？其实，它们是由大小不同的有机分子构成的。个头最小的分子最容易挥发，所以它们是头调中扑鼻而来的那一股，中调的分子个头就稍微大了，所以挥发得会慢一些；而尾调的分子个头最大，挥发得最慢，可以长效留香。

听起来，香精的种种化学成分非常吓人，其实，不必过分担心它们对人体的危害，因为在质量合格的产品中，香精的含量都控制在安全的范围内。因此，尽情地去享受香味给我们带来的愉悦吧！

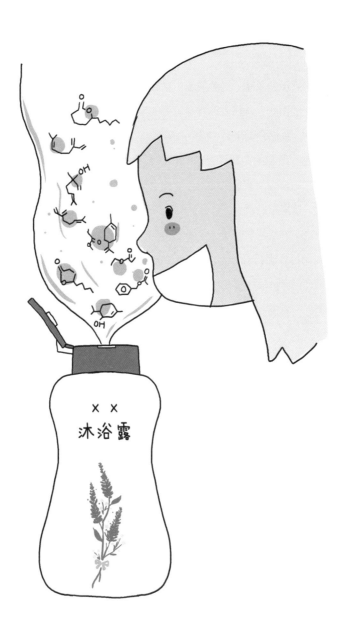

1.1.5 什么是温和的产品？

呵护娇嫩的肌肤，当然要选一款温和的清洁产品。然而，市场上琳琅满目的洗面奶、沐浴露和香皂，有的宣称控油保湿，有的宣称含有天然提取物，到底它们是温和的产品吗？

首先，温和的清洁产品包含两个要素：第一，对皮肤的刺激程度小；第二，含有滋润皮肤的成分。关于第二点，在前文中已经有了详细的描述，这里重点谈一下什么是对皮肤的刺激。

或许，你能想到的第一个刺激皮肤的因素就是pH值。不错，中学的化学知识告诉我们，强酸、强碱都会刺激皮肤。但是，目前市场上的个人清洁产品，pH值一般为5~10，既不是强酸，也不是强碱，对皮肤不会产生明显的刺激。

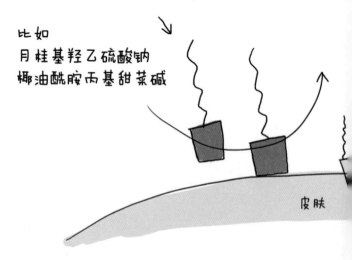

其实，罪魁祸首是产品中的表面活性剂。这些分子会不同程度地穿透皮肤角质层，破坏其天然屏障，从而使皮肤失水、干燥，甚至红肿。当然，不同分子结构的表面活性剂，对皮肤的穿透能力不同，即它们对皮肤的刺激程度是有差异的。通常情况下，临界胶束浓度（CMC）低的，并且亲水基团大的表面活性剂，对皮肤穿透能力较弱。

临界胶束浓度表征了表面活性剂分子是否容易"抱团"（形成胶束）。如果它们"抱团"了，通常很难穿透皮肤；反之，如果临界胶束浓度较高，表面活性剂分子总爱"单兵作战"，那么它们穿透皮肤的概率就会大大增加了。

如果把表面活性剂分子比喻成钉子，亲水基团就像钉子尖。钉子尖儿越粗，越不容易刺穿皮肤。

说了这么多，到底哪些表面活性剂对皮肤的刺激小呢？常见的有椰油基羟乙基磺酸钠（月桂基羟乙硫酸钠）、椰油酰胺丙基甜菜碱等。

头小的表面活性剂

比如

月桂酸钠（皂基）

1.1.6 我用的产品有防腐剂吗？

现在有些洗护产品会宣称"不含防腐剂"，这受到了不少护肤达人的青睐和追捧。防腐剂简直是满满的招黑体，那么"无防腐剂"就真的安全吗？我们值得花钱购买"无防腐剂"的产品吗？

我们生活的环境中充满了大量的微生物，很多是肉眼看不到的，其中包括细菌、真菌和病毒等。这些微生物有些对我们有益，有些则有害，甚至会引起疾病。洗护产品里含有不少水，并且还含有一定量的"营养物质"，比如多糖和油脂，这简直是微生物滋生的温床。如果在产品的生产过程中或在我们的使用过程中，有微生物进入产品，它们就会快速地生长繁殖，导致产品腐败。因此，在洗护产品中添加防腐剂是必需的。

然而，近年来在各种媒体的渲染下，防腐剂的负面新闻不断充斥在我们周围，甚至有些知名品牌也陷入了舆论的风波。的确，经过大量实验证明，某些防腐剂是对人体有害的，被列入了禁用黑名单，比如具有致癌性的尼泊金酯。但是，如果因此就说所有防腐剂都是有害的，就是以偏概全了。防腐剂到底能不能危害人体，还得看其种类以及与人体的接触量。

中国的《化妆品安全技术规范》（2015年版）参照了欧盟的化妆品指令，规定了允许使用的防腐剂。我们称这个规范里的防腐剂为"编内人员"。其实，有一些洗护产品的功能性原材料，虽然没有出现在这个规范里，不能称为防腐剂，但实际具备抗菌效果，我们称它们为"编外人员"。举个例子，在护发素的成分列表中，经常可以看到"季铵盐"。它是一种阳离子表面活性剂，能柔顺秀发。某些季铵盐就有不错的防腐效果，因为它们能牢牢地粘在细菌的细胞壁上，造成细菌"呼吸不畅"，从而减弱其从环境中获得营养的能力，最后细菌就会因"营养不良"而死亡。而季铵盐就不在这个规范里，属于"编外人员"。

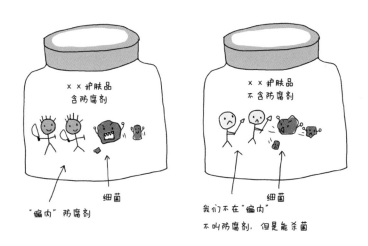

目前宣称的"无防腐剂"的产品，大多不含"编内人员"，却含"编外人员"。其实，不论是"编内人员"，还是"编外人员"，我们对它们的安全性和功效的了解都是在不断加深的。

有一些极小众的一次性洗护产品，既不含"编内人员"，也不含"编外人员"，而是采取了真空包装、灭菌处理等手段来保证无菌。这种产品一旦开封，必须尽快用完。因为环境里的微生物会迅速冲进去，在里面自由自在地生长繁殖。

1.1.7　什么是荧光剂?

不知从何时起，一只小小的紫外灯成了爱美女性的标配。用它一照，洗护产品和化妆品中的荧光剂就无所遁形了。人们之所以这么在乎荧光剂，还不是因为那句"荧光剂致癌"。似乎近几年来，一个又一个的成分被指责是致癌元凶，随便几个网络写手制造一些舆论，就能引得不明真相的吃瓜群众神经紧张，汗毛直竖。那么，我们就一起来揭秘荧光剂的真相。

荧光现象其实是含有某些特定结构的分子，在特定波长的光照下，先吸收能量，再释放能量的过程。可以这样理解，这些分子在接收了光能后，精神焕发，激动地从一楼跳到了五楼；在五楼玩了一会儿，又开始往楼下跳，但是由于玩累了，不能跳回到一层，于是跳到了二层或者三层，并且释放光能。那么，这里释放出的光和它吸收的光的能量是不同的，直观上来看，颜色会有差异。因此，通常我们见到的产生荧光的分子，吸收的是紫外光，而发出的是蓝光。由此可见，荧光现象是简单的物理过程，并不涉及荧光分子与生物体之间的相互作用，并且产生的是可见光，没有所谓的辐射性质，完全不会对人体产生危害。

其实，并不是所有能发出荧光的物质都含有荧光剂。荧光是自然界中普遍存在的现象，比如很多海洋生物或萤火虫，体内都具有荧光效应的蛋白质。人体内也有不少荧光物质，如激素和核苷酸。甚至我们的食物中也有荧光物质，当然这里指的是天然无添加的食物，如咖啡和茶水。

因此，当用紫外灯去照射洗护产品和化妆品时，即使有荧光现象，也不一定添加了荧光剂。比如，产品中添加了维生素或者天然提取物，就会有一定的荧光产生。

1.1.8 荧光剂有什么用？

通过上一小节的探秘，我们知道了荧光剂不会对人体产生危害，更没有所谓的致癌性。其实，荧光剂添加到洗护产品中已有几十年的历史了，比如白色的香皂中通常含有荧光剂，目的是让产品更加洁白、鲜亮。

可能有细心的读者会问，荧光剂发出的是蓝光，为什么可以增加产品的白度。这是补色的原理，即每种颜色的光都有相应的补色光，当其与适量的补色光混合时，就呈现出白光。比如，蓝色和黄色，绿色和品红色，青色与红色都是一对对的补色光。就香皂而言，其中的不饱和脂肪酸可以吸收白光中的蓝光，从而使其互补色光的比例增加，显示出淡淡的黄色。为了增加白度，通常可以添加钛白粉和荧光剂，其中钛白粉的作用是增加白光的反射，尽量减少蓝光的吸收；而荧光剂的作用是增加一些蓝色，补偿被吸收的蓝光，使产品看起来更洁白。

中国对化妆品原材料的管理是十分严格的，任何出现的产品配方中的原料必须符合国家的相关法律，并且通过审核。《化妆品卫生规范》中规定了禁止使用的物质，虽然荧光剂不在其中，但它的使用必须进行原材料申报，并且经过国家食品药品监督管理总局的审批。因此，有国家的专家们把关，我们完全没必要担心荧光剂的种类不合格或者含量超标。

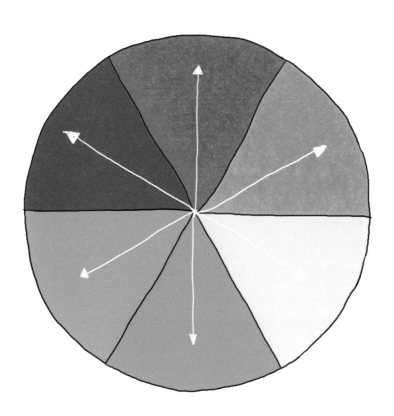

在色环上，凡处在
180度处的相对的两色
互为补色

1.2 使用体验好等于功效好吗？

1.2.1 为什么香皂比沐浴液更容易冲干净？

或许很多人有这样的经历，用香皂洗手、洗脸，或者洗澡的时候，皂液很容易冲洗干净，因为皮肤上有涩涩的感觉。但是用沐浴液就不一样了，无论怎么冲洗，皮肤总觉得滑滑的，像冲不干净一样。当然，有些人会认为这种滑滑的感觉是滋润皮肤的丝滑。但是，事实真的是香皂更容易冲干净吗？

首先，来看看香皂和沐浴液的成分。通常情况下，香皂是由脂肪酸钠构成的。比如，在香皂的成分列表中常看到椰子油酸钠、棕榈酸钠，或者椰子油、棕榈油和氢氧化钠。然而，沐浴液的主要成分是合成表面活性剂，比如，磺酸钠、硫酸钠、磺酸酯钠、甜菜碱等。

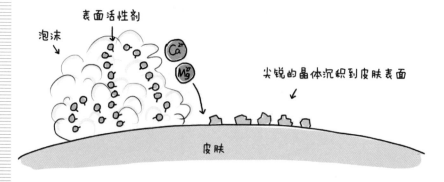

我们通常所用的自来水是硬水，即含有一定量钙镁离子的水。当用香皂洗涤的时候，脂肪酸钠遇到硬水中的钙镁离子会形成脂肪酸钙和脂肪酸镁。而这些物质是不溶于水的，很难被水冲洗掉。因此，它们会沉积到皮肤上，形成尖锐的微晶。这样，皮肤上就覆盖了一层细细的、尖锐的"沙砾"，摩擦力自然就增大了，也就有了涩涩的感觉。然而，沐浴液中的合成表面活性剂不太容易与硬水中的钙镁离子形成沉淀，也就不会有涩涩的触感。

看到这儿，是不是觉得三观尽毁了？原本觉得容易冲洗干净的香皂，反而是"冲不干净的"。如果还觉得难以置信，不妨做这样一个实验：用香皂洗手的时候，用纯净水冲洗。你会发现很难有涩涩的感觉，这是因为纯净水中没有钙镁离子，不能形成皮肤上的沉淀。

TIPS

有些沐浴液或洗面奶产品，冲洗后也有涩涩的感觉，这是因为它们的配方中，部分或者全部添加了脂肪酸钠。

1.2.2　细腻而丰富的泡沫就是滋润吗?

很少有人会抵御一款起泡快,并且泡沫洁白细腻的个人清洁产品吧。泡沫俨然成了洁净力的代名词,甚至许多消费者认为丰富细腻的泡沫就等同于滋润。然而,泡沫在很大程度上只是感觉中的美好,与功效并无直接关系。

首先,来看看泡沫是怎么形成的。在这个过程中,表面活性剂起了很大作用。当把沐浴液滴到浴花上揉搓时,空气被不断卷入水中,表面活性剂在空气和水的界面上跑马圈地,把亲水头扎进水里,如同树根盘错于大地,又把长长的憎水尾巴飘荡于空气中,恰似树枝挺立于天空。如此,一列列的表面活性剂排列在水—气界面上,稳定住了泡沫的形状。

不同结构的表面活性剂分子,在水—气界面的排队速度有所不同,使得起泡快慢有所差异。如果体系中的表面活性剂都如短跑运动员一般,可以快速移动到气—液界面,起泡速度自然就很快。然而,如果体系中的表面活性剂都像考拉一样,而且相互捆绑在一起,那么起泡速度就会比较慢了。

另外,表面活性剂在水—气界面上排队是否"整齐",直接影响到泡沫的细腻程度与稳定性。如果界面上排队的分子身材匀称,高矮相同,如同国旗班的士兵一样,那么这时形成的泡沫会比较稳定,并且比较细腻。然而,如果界面上的分子胖的胖、瘦的瘦,中间再夹杂几个挂着大包小包的插队者,那么这个队肯定排不整齐,从而使泡沫很容易破裂。通常,产品的配方师会复配几种不同类型的表面活性剂,均衡起泡速度、泡沫细密度与清洁性等要素。

然而，细腻柔滑、丰富有弹性的泡沫并不能表示滋润，甚至与温和无关。如前文提到的，温和的产品需要由刺激性小的表面活性剂和滋润皮肤的成分构成。而常常那些对皮肤温和的表面活性剂，由于亲水头过大，在水—气界面排队不会很整齐，会使得泡沫表现有所下降。

其实，我们很难拒绝一款泡沫丰富细腻并且使用体验好的产品，即使它对皮肤的温和性并不是最佳的。那么，在用完这类产品后，再涂抹一些润肤产品来补偿皮肤受到的刺激就可以了。

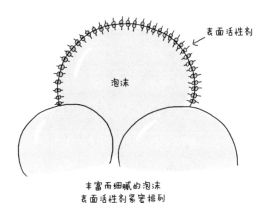

1.2.3 到底什么给我丝滑的感觉？

在闷热的夏日夜晚，尽情地冲个澡可以除去一天的劳累和烦恼，如果此时的泡沫又恰似奶昔一般丝滑细腻，涂抹于寸寸肌肤之上，更能给人增加几分轻松、愉悦。这种迷人的丝滑感是什么带来的呢？

其实，它来自一种称为"亲水性高分子"的成分，这类物质只需一点点就可以极大地改变肤感。想想你用手捉鱼的感觉，滑滑的，一不小心就让鱼从手中溜走了，亲水性高分子就产生了这样的效果。它们可以在皮肤表面形成薄薄的"水化层"，这相当于在泡泡中添加了润滑液，让其触感像丝绸般柔滑。并且，这些高分子是水溶性的，很容易被水冲洗干净，不会让皮肤有黏腻的感觉。

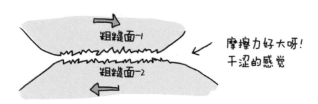

粗糙面-1
粗糙面-2
摩擦力好大呀！干涩的感觉

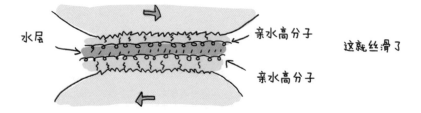

水层
亲水高分子
亲水高分子
这就丝滑了

为什么这种高分子可以形成水化层，而其他成分不能呢？这取决于它的两个特性：第一，锁水性极强；第二，分子量很大。比如，在水溶液中添加0.5%的亲水性高分子，整个体系的水分都会被它锁住，形成像果冻一样的凝胶。说到分子量大，可以类比棉纤维与蚕丝，通常棉纤维只有2～3厘米长，但是蚕丝可以达到几百米长。因此，丝织品中纤维的接头要比棉布少得多，自然也就顺滑得多。亲水性高分子就好像蚕丝，分子的长度是其他小分子的几百倍，甚至上千倍。

而且，这种材料还具有很好的安全性，甚至在冰激凌、咖啡奶精、啤酒中都有微量的添加，以增加细腻柔滑的口感。读者们可以去找一找所用的产品中是否有这样的成分，比如聚乙二醇、聚乙烯吡咯烷酮等。

1.3 洗发水与秀发

1.3.1 头发总出油怎么破?

乌黑靓丽的头发是每个人的梦想,然而"油腻腻""黏糊糊"的发丝却常常给人带来烦恼。似乎头发一直在冒油,刚刚洗完又是油光瓦亮,为什么?

头皮大体上跟其他部分的皮肤一样可以分为表皮层、真皮层以及皮下组织层。但是,与躯干皮肤相比,头皮上的皮脂腺更多。皮脂腺会分泌皮脂,这是一种非常重要的皮肤自我防御机制。这里所说的皮脂,就是通俗所讲的"头油",它最主要的成分是甘油三酯,其次是蜡脂、脂肪酸以及角鲨烯等。

皮脂沿着发根分泌导出,冲刷走死细胞,避免毛囊内淤积。当皮脂从皮肤表面的毛孔溢出后,一部分会在头皮表面铺展形成一层薄膜,起到滋润皮肤的作用;而另一部分则会沿发丝向上铺展,使头发变得光滑闪亮。

皮脂腺产生油脂的速度与体内雄激素水平相关。男性雄激素水平较高,油脂分泌更为旺盛,所以油腻的大叔似乎更容易被发现。另外,当头皮干燥时,皮脂分泌的速度会大幅提升。比如,在换季的时候,或者长时间待在空调房中,头皮容易干燥。此时,皮脂腺开始自我调节,开动马力,大量产油。

洗头可以清洁头皮与头发表面的油脂,但频繁清洗则会使头发越来越油。因为频繁地将头皮上的油脂洗净,会反馈给皮脂腺"缺油了"的讯息，使它开始加速供油。

如何避免"油腻腻"呢？其实，控油护理是一个长期的过程，首先选择温和滋润的洗发产品，适度清洁并滋润头皮。比如，以氨基酸类、月桂醇醚硫酸酯盐类和月桂醇醚硫酸盐类为表面活性剂的洗发产品相对温和。其次，需要配合使用护发素，有效降低诱导皮脂大量分泌的因子。另外，要避免用过热的水洗头，因为过热的水会刺激皮脂腺，使其更加活跃。

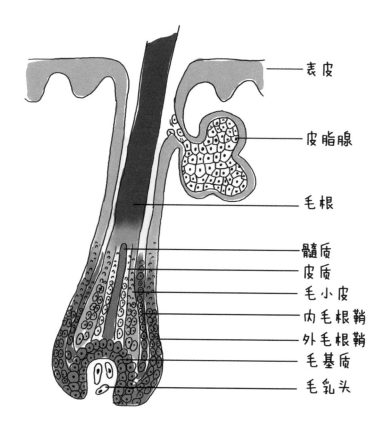

表皮

皮脂腺

毛根

髓质
皮质
毛小皮
内毛根鞘
外毛根鞘
毛基质
毛乳头

1.3.2 雪花飞舞的头皮屑

如雪花般飞舞的头皮屑，不仅是中年油腻大叔的烦恼，同时也困惑着正处芳华的少男少女们。民间对头皮屑产生的原因有多种分析，比如压力过大，饮食太过油腻、辛辣，天气太干燥等。但这些说法目前还没有科学的直接证据能够证明。那么头皮屑是由什么导致的呢？对！真菌，正如在电视广告中看到的。这个真菌是一种特殊的马拉色菌（ *Malassezia* ）。

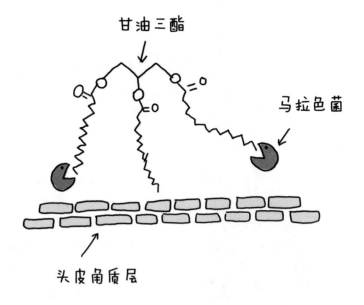

其实，头皮屑是成片脱落的头皮角质层组织。健康的角质层是由角化细胞与细胞间脂质紧密排列而成的"水泥—砖块"结构，相当牢固。

那么，问题出在头油中的甘油三酯成分。甘油三酯是由三个脂肪酸和甘油形成的化合物。当马拉色菌存在时，它会利用脂肪酶把甘油三酯分解成甘油和脂肪酸，并且选择性地代谢掉饱和脂肪酸，比如硬脂酸和棕榈酸；留下不饱和脂肪酸，比如油酸。这些留在头皮上的不饱和脂肪酸，很容易渗透到角质层的细胞间脂质中，破坏原本牢固的"水泥—砖块"结构，使角质层成片地脱落，形成头皮屑。

因此，有了头皮屑，不要信偏方，去试试抑制真菌的洗发产品吧。

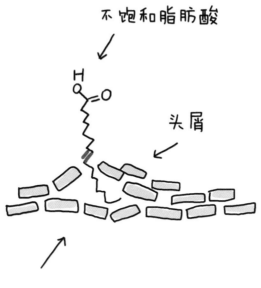

1.3.3　硅油到底犯了什么错?

似乎从2016年起,"无硅油"洗发水的概念在各大媒体上以迅雷不及掩耳之势袭来。这时候,绝大多数的消费者才意识到,自己用了几十年的洗发水中还有一种称为硅油的物质。其实,硅油也不知道自己犯了什么错,就在这场洗发水的营销战中"躺枪"了。

那么,大家关心的问题是硅油对头发和头皮有没有危害?在网络上,"有害论"与"无害论"针锋相对。我们不对这两种观点妄加评论,而是尽量客观地把科学事实讲清楚。

硅油不同于植物油、动物油,或者我们出的头油。它并不含脂类物质,而是由聚硅氧烷分子组成的。因为它常温下是黏稠的液体,又不溶于水,看起来像油一样,所以被称为硅油。

洗发水中为什么要加硅油呢?其实,是为了让头发更顺滑。头发表面布满了毛鳞片,在洗发时,一部分毛鳞片会竖起来,使头发像长满枝杈的柳条。这些柳条交织在一起,很难被梳理开。而硅油可以沉积到头发上,把竖起的毛鳞片抚平,并且牢牢地粘在头发上。此时,头发就变得顺滑了。

那么,硅油会不会在一次又一次的洗头中不断地沉积到头发上,越来越多呢?这其实和洗发水的配方有直接关系。实验表明,有些洗发水确实会让硅油沉积量不断增加,但有些洗发水则会保证头发上的硅油量保持不变。或许有人会担心,硅油会影响发质,并且让头发无法呼吸。其实,硅油是一种相对惰性的成分,并不会影响发质。谈到头发也会呼吸,这可能是一种臆想,至少目前不能对这种所谓的呼吸说法有科学解释。

那么，硅油会不会堵塞毛孔呢？硅油确实可以沉积到头皮上，但是它是液体，并不是能够堵住毛孔的大颗粒。有个间接的证据，我们不妨思考一下。我们所说的毛孔就是毛囊口，是毛囊和皮脂腺的共同开口，一方面它是头发生长的通道，另一方面是皮脂分泌的出口。如果毛孔被堵住了，一方面长不出头发，另一方面也分泌不出头油。因此，可以回想一下，如果我们用了含硅油的洗发水，是不是头皮就不出油了呢？

看到这里，读者们可能已经有了自己的判断。在下一小节中，将继续探秘硅油是如何沉积到头发上的。

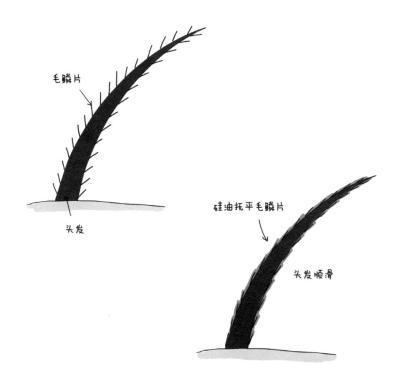

1.3.4 硅油如何沉积到头发上？

洗发水的主要功能是去除头发表面的油脂与污物，而为什么它可以在洗去油脂的同时，再留下一层同样是油性物质的硅油呢？其实，在洗发的时候，发生了一系列非常有趣的物理化学变化，比如凝聚与锚定现象。正是这些变化，使得硅油被选择性地留下了。

先来看看，洗发水中的硅油是以什么状态存在的。直观来讲，硅油是以油滴的形式悬浮在洗发水中的，并且油滴的尺寸一般小于万分之一毫米，所以肉眼很难看到。油滴外包裹着一层表面活性剂，比如洗发水中常用的月桂醇醚硫酸酯钠。这些表面活性剂的亲油尾巴会插入油滴内部，仅仅留下亲水头露在外面，而这些亲水头又带负电，所以硅油就形成了一个个带负电的小油滴。

通常情况下，头发也带有微量的负电。根据同性相斥原理，带负电的硅油很难吸附到头发上。很显然，如果要让硅油沉积，就要让它带正电。其实，在洗发水中含有带正电的物质，比如瓜尔胶。

或许你会问，洗发水中既有带负电的油滴，又有带正电的瓜尔胶，难道正负电荷不会中和吗？其实，在产品中以及在洗发的过程中，洗发水中的高盐浓度（较高的离子强度）会防止正负电荷中和。换句话说，在洗发时硅油不会沉积，而表面活性剂会发挥其功效，把油脂从头发表面洗下来。

而在冲洗泡沫时，大量的清水可以稀释洗发水中的盐，从而使带负电的硅油紧紧抓住带正电的瓜尔胶，这就是凝聚现象。此时，瓜尔胶仍有剩余的正电荷，它会像渔网一样拖着硅油，吸附到头发上，这就是锚定现象。一旦硅油接触到头发，它就会迅速铺展开，抚平竖起的毛鳞片。

怎么样？这一洗一冲，看似简单的过程，其实包含着丰富的物理化学变化，都是高科技呀。

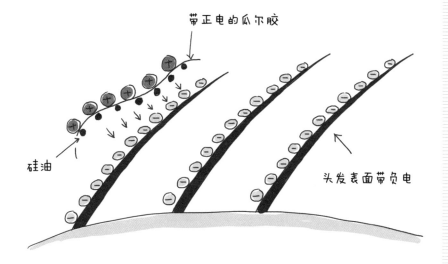

1.4 皮肤清洁那点事

1.4.1 过度清洁造成的皮肤屏障受损

最近有个词在护肤圈频繁出现，叫"毁脸"，学术一点叫"皮肤屏障受损"，表现为皮肤发红，易敏感，干燥，还经常起痘痘等。其实，过度清洁就是"毁脸"的第一步。这里说的过度清洁大致可以分为三种情况：第一，清洁皮肤的频率过高，比如每隔几个小时就要洗一次脸；第二，清洁皮肤的方式"过猛"，比如每次都是连搓带揉，而且让泡沫在皮肤上停留时间过长；第三，使用非正规个人清洁产品，比如含有消毒杀菌成分的"药水"。

首先，来看看什么是皮肤屏障。皮肤的最外面是一层"涂料层"，是由皮脂和汗液组成的水脂膜。这层物质是弱酸性的，pH值在5左右。正是这个弱酸性，可以有效地降低某些沾染菌的生长速度，比如大肠杆菌或金黄色葡萄球菌。另外，皮肤表面还生存着很多有益的微生物，它们和人体

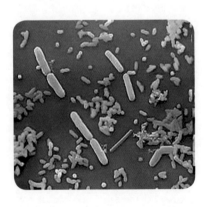

和谐共处，分泌一些物质来维护皮肤的正常功能。在"涂料层"的下面就是角质层，是一层"水泥—砖块"结构。"砖"就是角化细胞，里面含有很多蛋白质和皮肤保湿因子；"水泥"则是这些角化细胞间的物质，含有胆固醇、神经酰胺和脂肪酸等。那么，这

个砖墙、涂料层和微生物一起构成了皮肤的第一道屏障，它们将水分锁在皮肤里，同时阻止外界有害物质进入皮肤。

如果清洗得过于频繁，首先会破坏"涂料层"的再生。有研究表明，无论使用中性的沐浴液还是碱性的香皂，都会让皮肤的pH值升高。比如，沐浴液可使皮肤pH值升高到7左右，而香皂会使其升高到8左右。皮肤需要2～3个小时才能恢复到弱酸性的状态。如果洗得过于频繁，皮肤将始终远离健康的pH值条件。

其次，再坚固的"砖墙"也受不了一次又一次地揉搓。并且，清洁产品中的主要成分是表面活性剂，过度使用会去除角质层里的"油脂"，导致皮肤失水加快，从而使皮肤干燥，甚至发炎。虽然刺激性小的表面活性剂可以降低对角质层的穿透，但是如果让皮肤长时间"浸渍"在泡沫中，角化细胞中的蛋白质会因过分吸水而膨胀，使得"砖墙"中的砖块互相挤压变形，把"砖墙"挤出一道道裂缝。即使再温和的表面活性剂也会钻进去。

因此，无论是洗脸还是洗澡，一定要适度。

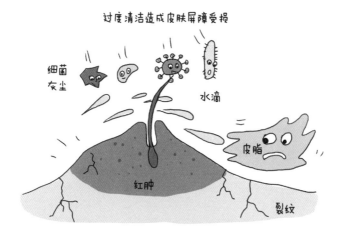

过度清洁造成皮肤屏障受损

1.4.2   皮肤上的细菌都有害吗?

听到"细菌"二字,我们经常如临大敌。看似干净的皮肤,是不是真的一尘不染呢?对于各种细菌,应不应该"谈菌色变"呢?

其实,我们的皮肤是细菌的乐园,上面至少有200多种细菌。对比一下,一家不错的动物园大概有100~200种动物。这么看来,我们的皮肤是个不错的细菌"动物园"。皮肤上有不同的"地形",相应地,也有不同的细菌种类。比如,潮湿多毛的腋下与干燥的前臂,一个像热带雨林,而另一个像沙漠,喜欢生活在这两种环境中的细菌当然不一样。另外,每个人皮肤上的细菌种类也有特异性,这和每个人的生活环境、饮食习惯及皮肤状态等都有关系。男士和女士皮肤上的细菌也是不一样的。

在皮肤的细菌中,超过一半的物种会长期安营扎寨,它们的数量和种类基本是稳定的。而其他的则是"短租客",它们大多暴露在皮肤表面,并且种类和数量会因身体状态与生活环境的不同而发生改变。

虽然细菌的种类这么多,数量如此庞大,但我们不必过于惊慌。其实细菌也有好坏之分。这些"好"细菌称为"有益菌",它们能够在皮肤上占据领地,守护皮肤,阻挡有害外来菌的进攻,而且还能产生皮肤需要的营养物质。其实,它们已经是皮肤的一部分了。当然,也有一些有害菌,它们会导致疾病,如金黄色葡萄球菌会引起皮肤感染。

然而,过度清洁皮肤,比如长期用消毒液洗手,会在驱除有害菌的同时,伤害有益菌。这就像洗去了皮肤的一层"保护伞",会导致皮肤变差。现代洗护产品的发展方向之一是如何精准地区别对待有益菌和有害菌,做到保护自己,消灭敌人。

皮肤上的常驻菌群占据各自领地
守护皮肤，阻挡外来菌的进攻

1.4.3　穿上软猬甲，抵御外来病菌侵袭

如前文所述，我们的皮肤上生活着大量的微生物。研究表明，成人身体上生活着400万亿~600万亿个细菌与真菌，这个数量大约是人体细胞的10倍，它们构成了人体的一部分。这些细菌的变化不仅反映了人体健康情况的变化，同时也影响着人体健康。研究表明，在特异性皮炎与长痘痘的皮肤部位，菌群的数量和种类都发生了明显变化。

那么，平时所用的清洁护理产品，尤其是宣称含有抑菌成分的产品到底对我们的健康和卫生起到什么作用呢？我们是否需要这类产品呢？答案是肯定的。其实，这类产品具有双重功效：第一，是直接的清洁功能，即有效地清除皮肤上的临时性菌（前文提到的"短租客"）。实验证明，一分钟仔细地洗手可以洗去高达99.9%的外来沾染细菌。第二，产品中含有的活性成分可以在皮肤上微量地驻留下来，犹如在皮肤上穿了一层软猬甲，提供长期的保护，防止外来细菌的过度繁殖。这对于经常在外玩耍的孩童，在医院工作的人员或经常在人口密集区域通勤的人来讲，至关重要。这种产品可以有效地预防以直接接触而传染的疾病。

那么这种长效保护是怎么做到的呢？其实，添加在个人清洁产品中的抑菌成分主要是三氯卡班（TCC）或吡硫锌（Zinc Pyrithione）等物质。这些物质的特点是不溶于水，因此它们在产品中以固体颗粒的形式分散。在冲洗泡沫的时候，它们可以从体系中沉淀分离出来，并且有少部分黏附在皮肤表面。这像不像去海滩玩耍时，海浪从脚面退去后，脚上却留下一层细砂？这种沉淀存留机制，很好地平衡了有效性与安全性，即微量沉积在皮肤上，并且局部浓度较高。这犹如埋伏的狙击手，当外来细菌入境时，能有效抑制它们增长。又因为其总体的微量性，不

会对人体健康造成危害。并且这些活性成分的工作机理是抑制，而不是杀灭作用，因此它们对皮肤的常驻菌不会产生毁灭性的打击。这样，既有活性成分来控制外来菌的繁殖，又有皮肤常驻菌的竞争作用，外来菌就更难以"立足"，对人皮肤造成危害了。

　　由此可见，含抑菌活性成分的个人清洁产品是在普通清洁的基础上再加一道安全门，提高保障性能。

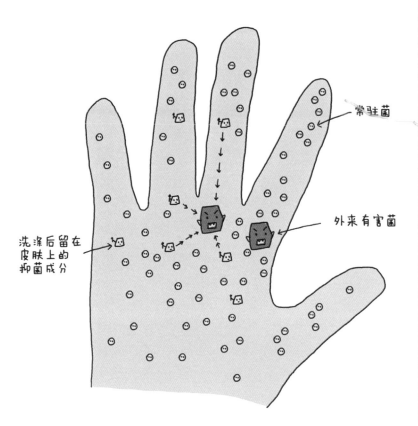

1.4.4　去角质产品的秘密之一

"去角质"几乎是每个爱美人士都会做的事，因为皮肤的光泽会在去角质后有明显的提升，并且在心理上也会觉得皮肤更干净了。去角质的方法大致可以分为摩擦、刷酸与涂酶三种。这一小节先来看看"摩擦"。

这种方法看起来有些简单粗暴，即用粗糙的物质摩擦皮肤来去除皮肤外层的角质细胞。最传统的工具是毛巾，当然也包括搓澡巾、丝瓜瓤、气泡石等。随着科技的发展，出现了各种电动的洗脸神器。在个人清洁产品中，也含有不少的去角质产品，比如磨砂洗面奶与沐浴液。传统上，添加在这类产品中的颗粒是细小的塑料（聚乙烯）珠子，它们只有零点几毫米大小。为了减少摩擦过程中的刺激感，这些小珠子被做得非常圆润。

但是，近年来这种塑料珠子已被多个国家禁止使用，原因是它们很难在自然环境中降解。甚至，有研究者在海洋生物的体内都发现了这种塑料珠子。这想起来非常可怕，一旦这些鱼类被食用，这些塑料珠子会进入人体内无法代谢。

目前，这类磨砂产品中的颗粒逐渐被"绿色"材料取代，比如干燥后磨成粉末的植物茎叶、天然蜡脂（米糠蜡、蜂蜡、小烛树蜡等），或天然水晶粉末等。洗脸时，皮肤与这些颗粒相互摩擦，形成了类似于"抛光打磨"的处理。但是，这些颗粒通常带有棱角，所以在使用时会有一定的刺激感。

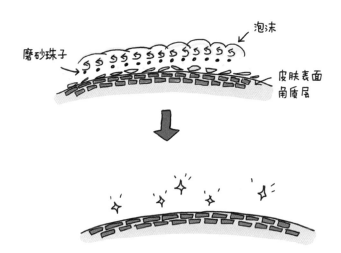

1.4.5　去角质产品的秘密之二

本小节来谈谈去角质的另两种方法，其中之一是"刷酸"。最常见的是用果酸把黏结角质细胞的部分溶解掉，帮助角质细胞自然脱落。

如果仔细研究洗护产品的配方，常常会看到AHA的成分，其实它就是果酸。果酸，顾名思义，是普遍存在于水果中的一种酸性物质，比如从甘蔗里提取的甘醇酸，从苹果里提取的苹果酸，从柠檬里提取的柠檬酸等。其中，甘醇酸是应用最广泛的去角质果酸。

这类酸有个共同点，就是在分子中都含有羧基（—COOH）。而不同点是分子中其余部分的大小与形状。正是结构上的不同，使得不同类型的果酸，在皮肤的渗透性、去角质能力以及皮肤的刺激性方面有所差异。

如前文所述，角质层有着"水泥—砖块"的结构。砖块似的角质细胞被细胞间的"水泥桥"连在一起，而桥连的关键是钙元素。果酸一旦到来，就会用羧基的"魔爪"夺走钙，从而使桥断开。自然地，这些"砖块"也就会脱落了。

还有一种去角质的方法是涂酶，这里说的酶主要是蛋白酶。由于角质细胞里含有很多角蛋白。如果洗护产品中含有蛋白酶，它就像剪刀一样将角蛋白切成细小的碎片，慢慢地瓦解原本坚固的角质层。常见的蛋白酶有提取自木瓜和菠萝的植物蛋白酶，比如，烹饪中常见的嫩肉粉就含有木瓜蛋白酶。在洗护产品中添加微量的蛋白酶，就像用嫩肉粉把死皮软化一下，更便于分解。虽然皮肤上本身就存在一定量的蛋白酶，但它们距去角质的要求还有较大差距。

刷酸

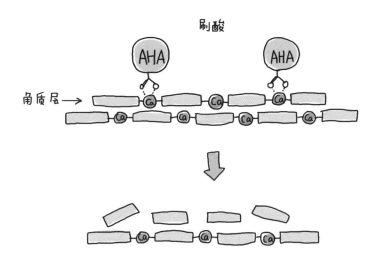

角质层 →

涂酶

蛋白酶

←角质层

1.4.6 泡澡神器之浴盐

"盐"作为五味之首，百味之王，在烹调中一直占据着最重要的角色，加之盐本身具有清洁、杀菌的属性，近年来越来越多地出现在形形色色的日化品中。含盐牙膏、沐浴盐、足浴盐、洁面盐、洗涤盐、果蔬清洁盐等新概念产品屡见不鲜。在人们的潜意识里，传统的清洁物质一定比化学成分更加天然，更加健康，更加环保，更加靠谱。因此，各种含"盐"产品日渐热销也就不足为奇了。

今天我们来聊聊浴盐。顾名思义，浴盐就是洗澡时用的盐，其中超过一半的成分是氯化钠，是货真价实的以盐巴为主的清洁用品。氯化钠本身是中性的，其溶液对皮肤相对温和（当然，有伤口的皮肤不在此列），并且能起到消毒、止痒、杀菌的效果。科学家研究表明，盐的钠离子和氯离子所携带的微电荷能使皮肤和细菌间的静电吸引发生短路，使细菌快速脱水而难以黏附生存于皮肤表面，并且能够破坏细菌从皮肤上获取养分的能力，从而杀死大多数常见细菌。另外，钠离子和氯离子很容易渗透进皮肤，在一定程度上可以起到促进皮肤血液循环和新陈代谢的作用。

就原料而言，浴盐产品多使用海盐和井盐，其中的矿物质对皮肤也有好处。比如，众所周知的死海盐，对皮肤有明显的保健作用，甚至可以治疗一些皮肤病。这是因为其中含有的矿物质，如硫酸镁等，可以影响皮肤上酶的活性，促进皮肤的新陈代谢，还能对小伤口起到收敛作用。

1.4.7　泡澡神器之浴盐球

浴盐球最早风靡于欧美，现在在中国也很常见，它的特殊之处在于溶解效果。当把它放入浴缸时，就好像把一个超大号的泡腾片扔进了水里，因此这种产品也被形象地称为"爆炸浴盐球"。在溶解过程中，它会释放大量的泡沫、绚丽的色彩和迷人的香味，这种多层次的使用体验越来越受到泡澡人群的喜爱。

与之前讲过的浴盐有所不同，浴盐球的主要成分不是氯化钠，而是小苏打和柠檬酸。小苏打即碳酸氢钠。在干燥的产品中，碳酸氢钠和柠檬酸相安无事、和平共处。一旦遇水，它们就会迅速发生反应，冒出大量二氧化碳，搞得浴缸里的水像沸腾一般，咕嘟个不停。

为了进一步优化浴盐球的使用感受，配方中通常会添加一些表面活性剂，比如月桂醇磺基乙酸酯钠盐，它不仅可以产生许多绵密的、妙趣横生的泡泡，而且很温和，去除污垢的效果也不错。

为了让浴盐球更有情趣，配方中还会添加一些染料、珠光粉，甚至干花瓣等。另外，有些浴盐球还含有少许精油，其中某些成分能在一定程度上起到抑制细菌生长或抗炎的功效。

浴盐球

$NaHCO_3 + CA \rightarrow CO_2$

1.4.8　痘痘都是上火惹的祸吗？

有些人常常被痘痘困扰着，比如，嘴馋多撸了点串或者偶尔刷夜之后，烦人的痘痘就会冒出来了。养生大师们告诉我们，这是上火导致的。还别说，痘痘的形状很容易让人联想起火山口，如果说地球内部炽热的岩浆造就了火山，那么痘痘就是人体内部的"火"引起的吗？其实，痘痘的学名为痤疮，它是在两个因素的共同作用下产生的，即过盛的皮脂与痤疮丙酸杆菌。

要搞清楚这两个因素如何作用，首先要了解皮肤的结构。如前文所述，皮肤上的毛孔（毛囊口）是毛囊与皮脂腺的共同开口，皮脂腺分泌的皮脂会缓缓地顺着毛发爬出毛孔，铺展在皮肤表面，形成皮肤屏障的一部分。这个过程与出汗类似，但是汗水的分泌速度会更快一些。

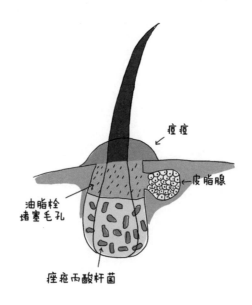

虽然，我们的皮肤需要油脂作为屏障，但是油太多了也不行。过盛的皮脂会淤积在毛囊里的毛根处，并且和这里正常脱落下来的死细胞凝结在一起形成油脂栓，封住毛孔。油脂栓刚开始是白色的，就是我们常说的白头，后来部分被氧化变黑，就成为难看的黑头了。这时，本来对皮肤起保护作用的油脂就成为毁坏健康和美丽的罪魁祸首了。

痤疮丙酸杆菌是一种附着在皮肤上的厌氧细菌。这里说的厌氧菌，就是不喜欢含氧环境的细菌，可以理解为"见光死"。它们本来安安静静地待在毛囊里，氧气从开放的毛囊口吹进来，使它们的繁殖受到了抑制，因此无法兴风作浪。但是，当毛囊口被油脂栓封闭后，毛囊内部就形成了缺氧环境。这时，痤疮丙酸杆菌就开始疯狂地繁殖，并且释放出组胺。"警察"——免疫细胞感受到组胺的敌意，迅速释放出免疫因子参加战斗，于是毛囊就产生了炎症，出现了红痘痘。

因此，如果要避免痘痘的产生，或者快速驱除痘痘，就要打开被封闭的毛囊口，让氧气再度吹进来。下一小节，我们就来谈谈洗护产品如何帮我们实现这一点。

进入青春期后，人体内雄激素水平迅速升高，皮脂腺在它的刺激下活跃起来，因此，油脂分泌常常过盛，导致产生青春痘。

25岁以后，体内的雄激素水平趋于平稳，皮脂腺的分泌也不那么旺盛了，大部分人脸上的痘痘也就消失了。但是，有些人的雄激素水平始终徘徊在高位，或者由不良生活习惯、不正确使用护肤品以及情绪因素等导致的激素水平异常，都会使痘痘此起彼伏。

1.4.9　战痘利器水杨酸

在众多的"战痘英雄"中，配方师最常用的成分无外乎那么几种，水杨酸便是其中一类。水杨酸是一种脂溶性的有机酸，学名为邻羟基苯甲酸，可以从柳叶或柳树皮中提取合成，所以最早也称为柳酸，可是后来科学家们发现柳酸在白杨树中含量更多，所以不知从什么时候起，它就改名为"水杨酸"了。水杨酸具有杀菌、消炎、止痛的作用，是合成阿司匹林等药物的重要成分，也是近百年来皮肤科医生用于治疗各类皮肤疾病的一大利器，特别是对青春痘疗效显著。但是，由于水杨酸对皮肤黏膜有一定刺激作用，因此不能在护肤品中大剂量使用，目前国际上主流的祛痘产品大都添加了0.5%~2%的微量水杨酸，这也是美国食品药品监督管理局（FDA）明确的安全添加值。那么，水杨酸到底如何发挥这神奇的功效来呢？

我们先来简单复习一下痘痘产生的过程：前面曾经讲过，一个人如果皮脂分泌过多，堵住了毛囊，形成了油脂栓，那么痤疮丙酸杆菌就会大量繁殖，刺激人体免疫系统发生应激反应，生出痘痘，甚至导致皮肤发炎红肿。

水杨酸既然是脂溶性的，那么它就能够迅速溶解在皮肤油脂里，并顺着满是油脂的皮脂腺管道渗透进入皮肤深层。有些洗护产品里还专门添加了甲基丙二醇、乙醇等辅助成分，它们可以进一步提高水杨酸在皮脂里的溶解程度。在毛囊根部，淤积的过盛皮脂和这里正常脱落下来的死细胞凝结在一起形成油脂栓，会像水泥一样封死毛孔。这些死去的上皮细胞通过一些"桥梁"连接在一起，形成了相对稳固的结构。这里所说的"桥梁"，实际上是一种称为"细胞桥粒"的蛋白质，没有这种物质掺和，油脂栓也不是那么容易形成的。这下水杨酸的价值可就体现出来了，它可以比较容易地破坏这些蛋白质，有效溶解油脂栓，让痤疮丙酸杆菌失去大显身手的舞台，从而起到预防和治疗青春痘的作用。

水杨酸溶解掉毛囊里的油脂栓以后，局部的封闭缺氧环境被改变了，痤疮丙酸杆菌死的死、逃的逃。但总会有一些顽强的家伙坚持下来，隐藏在皮肤缝隙深处酝酿着东山再起。一旦清洗工作跟不上了，它们就有可能重出江湖。

另外，痘痘的产生，是人体免疫细胞释放免疫因子抵御外敌入侵的体现，具有红、肿、热、痛这四大炎症症状。而水杨酸本身具有一定抗炎、止疼、杀菌作用，这简直就是为了战胜痘痘而生的啊！

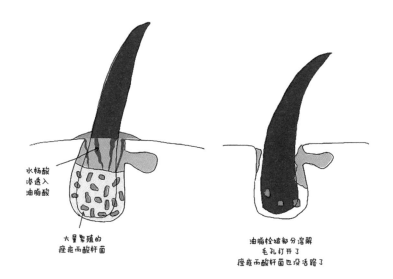

1.5 香皂中的黑科技

1.5.1 合成皂

"皂"应该是人类历史上最早出现的个人清洁产品,其历史可以追溯到公元前。如今,这个古老的技术正在焕发第二春,各种黑科技如雨后春笋般层出不穷。在这一小节中,我们将一一探秘。首先,来看看技术含量较高的合成皂。

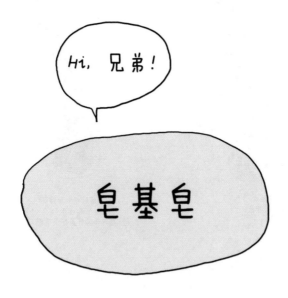

合成皂的出现是近三四十年的事情，它的发明初衷是为了减少传统香皂对皮肤的刺激，并且产生更丰富细腻的泡沫。在使用感受上，合成皂确实比传统香皂更加丝滑，不会有涩涩的肤感。

其实，从严格意义上讲，合成皂并不是香皂，因为它几乎不含脂肪酸钠等皂基成分，而是采用石油来源的合成表面活性剂，如月桂基羟乙硫酸钠等，作为去污成分。相对于脂肪酸钠，这些合成表面活性剂对皮肤更加温和，能有效地减少皮肤干燥。另外，它们在水中的溶解度更高，可以产生更加丰富的泡沫。

可是，仅仅靠表面活性剂的堆积不能形成一个块状的产品。就好像一堆沙子，无论怎么挤压，还是成不了一个砖块。因此，合成皂的另一个绝招是"结构剂"。通常，这些结构剂是固态的蜡质或者饱和脂肪酸，它能把表面活性剂"镶嵌"在其中，形成一个整体。更加巧妙的是，这些结构剂又具有润肤的功效，简直一举两得。

1.5.2　透明皂

五颜六色、晶莹剔透的透明皂及其手工艺品，如今被冠以保湿护肤、养颜去皱、美白祛斑，甚至磨皮瘦脸等功效，成为各大网店的热销新宠，以及潮人们居家、旅行的必备良品。我们这里不对其功效妄加评论，只来讲讲它为什么是透明的。

其实，透明皂是一种特殊的皂基皂。说它特殊，是因为它的晶体结构与普通皂基不同，也就是皂基分子的排列方式有所不同。

皂基是由不同大小的脂肪酸钠与水形成的固体。这些脂肪酸钠，有的较易溶解于水，比如月桂酸钠和肉豆蔻酸钠；而有的却很难溶解于水，比如棕榈酸钠和硬脂酸钠。这些易溶于水的脂肪酸钠会与水结合，形成连续的类似"胶水"的结构（连续的非晶相）。而那些难溶于水的脂肪酸钠，更倾向于"结块"，形成分散的类似"沙粒"的结构（离散的结晶相）。最终，这些"胶水"把"沙粒"黏结到一起，形成了固态的皂基。

通常情况下，皂基中的"胶水"结构对光线透过性好；而"沙粒"结构几乎不透光。可想而知，如果皂基中的"沙粒"多了，自然就变得不透明了。

从配方上讲，有两种方式可以让香皂变得透明：第一，尽量减少"沙粒"的形成；第二，增加"沙粒"在皂基中的溶解度。对于前者，可尽量选用溶解度高的脂肪酸钠、脂肪酸钾，或在皂基的冷却过程中添加一定量的乙醇，以阻止"沙粒"的形成。对于后者，可加入助溶剂，比如甘油、山梨醇、糖类、乙二醇等。目前，市场上大多数的透明皂是甘油含量较高的皂基皂。

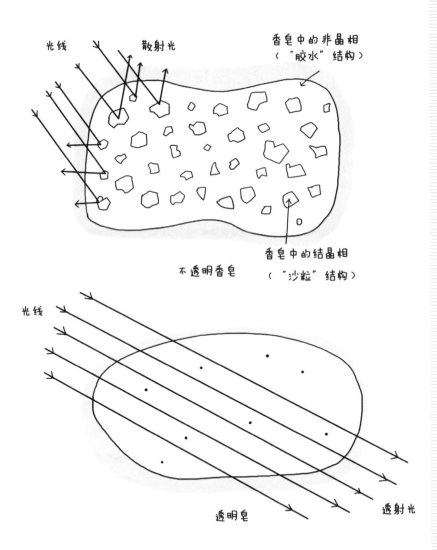

光线　　　散射光　　　　　　　　香皂中的非晶相
（"胶水"结构）

不透明香皂　　　　　　　　　　香皂中的结晶相
（"沙粒"结构）

光线

透明皂　　　　　　　　　　　　透射光

1.5.3　手工皂

近年来，手工皂备受时尚小青年的追捧，它的售价更是动辄几十元，甚至上百元，比普通香皂贵得多。它和普通香皂有什么区别呢？很显然，手工皂是手工做的！可能你会表示"呵呵"，当然问题没有这么简单，正是这种"手工打造"的原始工艺使它的成分与普通香皂有所差异，并且成本也不可同日而语。

一般来讲，手工皂的制作方式有两种：第一，油碱法；第二，熔化再凝固法。

先来看看第一种，其实在中学就学过这种方法，即把植物油或动物油与烧碱混合在一起进行反应。烧碱可以把油脂中的甘油三酯切开成甘油和脂肪酸钠，而脂肪酸钠就是我们用的皂了。但是问题在于，烧碱溶液是水，而油脂是油，两者很难混合在一起。这就好比，要让两个人握手，而两个人却隔着几千米的距离。因此，在反应刚刚开始的时候，效率相当低。然而，当反应进行一段时间后，生成的皂基又会形成黏黏的物质（液晶相），像一堵墙一样隔开已经握上手的两个人。那么，这个局怎么破？工业生产中，通常采用持续高温、强力搅拌的方式使得水乳交融。然而，这种方法在手工皂的制作中几乎不可能实现，所以油碱法制作出来的手工皂，通常含有比普通香皂更多的残留油脂或烧碱，以及未分离的甘油。

熔化再凝固法的技术含量就比较低了，甚至小学生在家长的看护下都可以顺利完成。它是把工业生产的皂基加热熔化成液体，然后浇注到不同形状的模子中形成的手工皂。这种皂基与普通香皂有明显差别，它富含易溶于水的脂肪酸钠。没错，就是那种既容易起泡，又容易刺激皮肤的脂肪酸钠分子。

手工皂好在哪里呢？一方面，它给制作者带来了更多的乐趣；另一方面，它能赋予香皂以情感。因此，如果你舍得花钱玩耍，又不迷信那些神乎其神的功效，买个手工皂是个不错的选择。

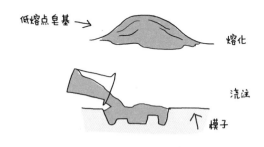

如今手工皂的噱头越来越多，甚至"洗头皂"都成了海外代购的香饽饽。这里奉劝大家，买手工皂用于娱乐是极好的选择，但是不要盲从其宣称的功效，用皂基洗头，弄成个少年脱发，则悔之晚矣。

1.5.4　概念皂

精油皂、鲜花皂，或母乳皂等，你一定不会陌生吧，它们都可以归类为"概念皂"。说到概念皂，你可能会联想起概念车，其实这两种"概念"的含义完全不同。概念车中的"概念"是对于未来新技术的一种期许，而概念皂中的"概念"是指能够引起消费者喜爱或者共鸣的某些添加成分。换句话来讲，皂基是个筐，各种概念成分可以往里装。下面我们就来点几个名。

鲜花皂通常是采用透明皂基，混入五颜六色的花瓣、花蕊，或者丝瓜瓤，并且加以浓郁的花香香精制成的。它常常会让你联系到宫廷剧中洒满花瓣的沐浴场景，顿时使你有一种公主般的优越感。然而，这些添加物能起到的实际功效主要是去死皮。当这些"佐料"暴露到香皂表面时，会增加香皂与皮肤的摩擦力，提升香皂去死皮的效果。

制作母乳皂，是很多新妈妈们的必修手工课，她们愿意以香皂的形式固化那些无处安放的对宝宝的关爱之情。这种皂是基于熔化再凝固法制作的手工皂，并且加以千辛万苦省出来的宝宝口粮。然而，母乳对香皂功能的贡献可谓微乎其微。一方面，母乳中的蛋白质和油脂含量比个人清洁产品配方中功能性润肤成分的最低值还要低；另一方面，母乳中的油脂在手工皂基中几乎不可能进一步分解成脂肪酸钠，以提高清洁效果。其实，母乳皂最需要注意的问题是防腐，因为手工皂基的pH值不高（pH值为$8 \sim 10$），并且还含有相当量的水分，再加上母乳中的蛋白质和油脂，这简直是微生物滋生的天堂。因此，不添加防腐剂的母乳皂，很快就会变质。

　　精油皂在化妆品专柜也是随处可见。显然，它在皂基中添加了精油。的确，有科学研究表明，某些精油成分具有抗菌或者促进皮肤健康的功效。注意，这种功效需要精油成分在皮肤表面有一定量的沉积，也就是要求在皂基中添加较高量的精油。因为皂基天生是去油的，要想一边去油再一边沉积油可不是个简单的事。举个例子，如果在皂基中添加1000个油滴，仅仅会有2~3个油滴能沉积到皮肤表面。

　　由此可见，概念皂的佐料各异，功效也有所不同，究竟选择哪款，还是服从"你高兴就好"的原理吧。

1.6 我怕霾霾

1.6.1 浅谈PM$_{2.5}$的危害

曾几何时，北京春天给人的印象是黄沙漫天，一不小心就满嘴沙土。费玉清在他的回忆录《来到北京》里如此写道："我们看到了巨大的积云在高空翻滚，它们呈现出黄色的光彩，把尘土从距离长城很遥远的戈壁沙漠一直吹到西部地区。很快黄沙像雪花般安静地落下来，覆盖了一切"。干燥的北京春天扬沙时吹起的是大颗粒的沙尘，风停之后很快就落下来。而自从2014年后PM$_{2.5}$逐渐成为人们热议的话题，灰霾霾的天也让许多人心情压抑，无可奈何。

PM$_{2.5}$是指空气中直径小于或等于2.5微米的颗粒物。PM$_{2.5}$能较长时间悬浮于空气中，对空气质量和能见度等有重要的影响。其实，PM$_{2.5}$在大自然中一直长久存在。火山喷发，雷电引发的森林大火都制造了大量的细微颗粒物。当一缕烟气冉冉地从香烟中升起时，PM$_{2.5}$指数瞬间爆表，空气质量指数（AQI）可达1000以上。

PM$_{2.5}$粒径小，比表面积大，并容易携带有毒有害物质（例如，重金属、微生物等），因而对人体健康和大气环境质量的影响更大。清华大学及其他的研究机构报告到，在冬季收集到的PM$_{2.5}$颗粒中发现了不同种类的细菌。一般来讲，病毒在0.1微米左右，细菌在1微米左右，其直径显然小于PM$_{2.5}$，所以能够吸附在细微颗粒表面，在空气中长距离大范围传播。

PM$_{2.5}$颗粒对人体的最直接的危害是肺部感染，进入呼吸道后吸附在肺泡表面很难再清洁掉，基本上就永久驻留下来了。对人体皮肤和头发的危害更多是间接的。亚洲人的头发直径为80~100微米，大约是PM$_{2.5}$细微颗粒物的

30~40倍。因此，吸附性强的$PM_{2.5}$有很大的机会在头发丝表层沉积聚集。这不仅会影响头发的光泽和柔顺性，也可能损害发质。因为可能含有重金属，在强烈紫外线作用下，容易在发丝表面形成氧化自由基，损伤头发鳞片及结构。同理，对皮肤来讲，毛孔的直径为20~50微米，每一平方厘米的肌肤上有100～120个毛孔，人的面部就有两万多个毛孔。毛孔是皮脂腺分泌的油脂流向肌肤表面的小通道。相对于$PM_{2.5}$，这些星罗棋布的大坑，可以"很好"地容纳$PM_{2.5}$细微颗粒物。毛孔容易堵塞，皮肤表面的微生物菌群平衡可能会遭到破坏，皮肤也会和头发一样遭受"氧化自由基"的风暴袭击。

当然，网络上也有一种观点认为，毛孔里不断涌出油脂会把$PM_{2.5}$颗粒排出来，不会使它们堵塞毛孔。我们给出一个间接的科学证据，供读者们参考。2006年，"J. Invest Dermatol"杂志上发表的一篇科学研究，揭示了微—纳米颗粒在毛孔中的渗透能力。实验发现，0.6微米的颗粒在毛孔中的渗透能力最强，可以达到1.2毫米；而0.9微米左右的颗粒也会渗透0.6毫米左右。虽然研究中的颗粒不是空气中的$PM_{2.5}$，但是其尺寸是相近的。

此外，$PM_{2.5}$中还有一部分可溶性的物质，主要是金属盐类，它们可以部分溶解在汗液中，一定程度上渗透皮肤。

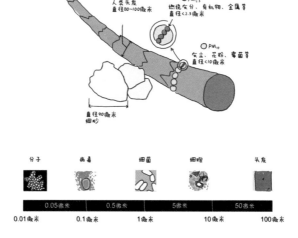

1.6.2 个人洗护产品对抗PM$_{2.5}$

近年来，洗护品厂商们似乎嗅到了PM$_{2.5}$的商机，纷纷推出各种对抗雾霾的个人清洁产品，比如，宣称含有活性炭的抗雾霾洗面奶或沐浴液，似乎暗示着皮肤上的雾霾颗粒可以被吸附清除；或者，那些含有某某植物精华的洗护产品，宣称可以中和有害物质；甚至，有些产品宣称紧致肌肤，阻挡PM$_{2.5}$的入侵等。然而不幸的是，截至2018年，笔者并没有发现相关的临床研究报道，证明这些宣称的实际功效。那么，在抗霾"武器"的可靠性不明确的时候，我们要尽量"强壮自身"来抵御PM$_{2.5}$的攻击，即提高皮肤的屏障功能。如前文提到的，首先要尽量选择温和的个人清洁产品，其次要避免过度清洁。

角质层的"水泥—砖块"一定要牢固，要尽量避免刺激性表面活性剂对角质层的穿透，而且要强化皮肤的封闭性（前文提到的"打蜡、封釉"）。因为，一旦"砖块"破损，不仅水溶性的金属盐类PM$_{2.5}$可以快速穿透皮肤，而且非可溶的小颗粒也可以渗透到皮肤内部。有研究表明，在受损的皮肤表面，微—纳米尺寸的颗粒可以在2～4小时内渗透到皮肤内部。

要尽量减少皮肤在水中的浸泡时间，其实并不是清洗时间越长，PM$_{2.5}$洗得越干净。当角质层中的角蛋白过度水合后，会膨胀并且相互挤压，松动"砖块"的结构。这给PM$_{2.5}$，尤其是水溶性的成分，打通了向皮肤深层扩散的通道。如果此时再加上揉搓的作用力，这种渗透效果会更明显。这就好像女士们使用面霜时，希望活性成分能够快速吸收，于是在湿润的皮肤上揉摸并轻轻拍打。

　　当然，去角质的频率也要降低。虽然在去角质的过程中会除去一些黏附的或者溶解在皮肤表层的$PM_{2.5}$，但是它会削薄"砖块"的厚度，不利于提高防御效果。

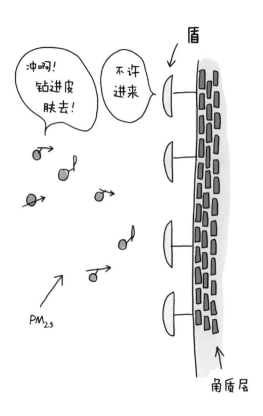

1.7 绽放你的美丽笑容

1.7.1 伶牙俐齿，无氟不强

口腔清洁与护理不仅是"面儿"的事，更是"里儿"的事。灿烂笑容惹人注目，吃嘛嘛香自己享福。以此为大，当然需要加倍呵护。人的牙齿是个很神奇的东西：在口腔内时，软硬组织都很容易受到损伤，如龋齿、牙龈出血等。而当牙齿从口腔脱落后，它在自然环境中却是非常耐腐蚀的。其实，在了解了牙齿和口腔的环境后，我们就能很好地理解其中原因了。

在口腔里生活着600多种微生物，包括细菌、真菌和病毒，是仅次于肠道的人体第二大微生物聚居地。口腔常常和不同的食物、饮料接触，细菌的组成比例很容易发生改变。但是这些细菌的种类却不会有明显的变化。没有饮食时，细菌们会分解唾液和龈沟液中的糖蛋白获取养料。糖蛋白会被分解成糖和蛋白，糖和蛋白进一步分解成酸性和碱性小分子，彼此中和，口腔呈中性。而在吃了糖或淀粉后，产酸细菌的营养补给大增，于是它们开始产生较多的酸。一些弱酸的产生就会开始腐蚀牙齿。

牙齿在口腔内一直进行着牙釉组织的脱矿和再矿化的平衡过程。牙釉质主要由坚硬的羟基磷灰石构成。脱矿，就是釉质中的羟基磷灰石中的钙（Ca）在酸性环境下溶解、流失；再矿化，就是溶解的钙重新在牙齿上沉积。氟化物可以有效增强再矿化作用，有效减弱脱矿过程。一个原因是氟可以代替羟基形成更致密坚硬的牙釉质组织，另一个原因是形成的氟化磷灰石可以作为催化剂，加快羟基磷灰石再形成矿化的过程。

双管齐下，降低蛀牙风险。

佳洁士1955年发明了世界上第一支含氟牙膏。目前，美国牙医学会认可的牙膏都含有氟。在牙膏中添加氟化物，可以有效维持口腔内适宜的氟浓度，这是一种被广泛认可的安全有效的方式。其实，人体本身也需要氟，如果缺氟就会患上软骨病。

当然，任何东西都有量的限制，甚至水喝多了都可以出人命。我们听说过氟中毒的事件，但这种情况大多是大剂量服食氟化物，或者直接接触氟气导致的。含氟牙膏中的氟含量完全在安全范围内，没有任何必要担心中毒。至于那些"含氟牙膏致癌"的说法，纯属断章取义地以讹传讹。

TIPS

可乐的pH值大约为2.4，一杯可乐会急剧改变口腔酸碱度。甚至，在喝完可乐1小时后，口腔仍处在pH值5以下的酸性环境中。在这样的极端条件下，氟可以有效降低牙齿脱矿的风险。

1.7.2 牙齿美白，表面也需硬功夫

古人讲"笑不露齿"，实际上一口整齐、美白闪亮的白牙会让一个人的笑容充满自信，更灿烂。牙膏的基本组成比较复杂，主要由水、增稠剂、研磨剂、表面活性剂、活性成分、保湿剂、甜味剂、香精、色素等构成。在牙刷的搅拌作用下，牙膏分散成浆：表面活性剂润湿清洁牙齿表面，研磨剂则适度增加表面摩擦力，细细打磨。在牙刷的共同作用下，牙齿表面和牙沟的污渍被清理掉。

一支好的牙膏基本可以预防龋齿，清新口气。美白则往往需要特殊功效成分，甚至需要专业人员帮助才能实现。牙齿是由牙髓，牙本质及牙釉质构成。牙釉质是半透明的，牙本质是黄色的。因此，正常情况下牙齿是微黄色的。在饮食过程中，外来有色物质如红酒、茶、咖啡，或者口腔内产色细菌沉积于牙齿表面形成牙菌斑，在牙齿表面着色。随着时间推移，色素分子越积越多，结合力也越来越强，形成难以去除的色斑。这称为外源性色斑，未进入牙体组织内，可以通过有效的物理抛光打磨和一定的化学作用去除。

物理抛光打磨，对牙膏成分中的研磨剂有很高的要求：磨料要足够硬，有效增加摩擦力，去除顽固污渍；同时，又要兼顾对牙釉质的保护作用，不造成表面损伤。球形水合硅磨料是一种非常好的研磨剂，可以有效破碎牙垢，削弱有色基质作用力，使污渍松散脱离牙齿表面；同时，由于其特殊的球形结构，对牙齿表面的冲击力小，不容易造成划痕。

化学美白作用可以分成两大类：多聚磷酸盐的螯合作用和漂白剂的漂白作用。多聚磷酸盐是一类轻度的钙螯合剂，与牙釉质表面有较高的亲和力，能有效地降低蛋白质及色素在牙齿表面的沉积。而且它们可以

如大螃蟹一般"抓取"牙结石中钙镁离子，瓦解牙结石，使它们变成可以溶解的成分。这样有效降低了色素着床沉积，使牙齿变白。漂白作用比较直接：通过适当的氧化作用，将有色的污渍变成无色，起到美白作用。简单的化学原理在实际过程中很难实现：有效的漂白浓度通常会对牙龈组织造成伤害，同时强氧化的漂白剂也容易和产品里的其他成分相互作用，使漂白剂失效。在过去，需要到牙科诊所由专业医师来操作，漂白、美白牙齿。而现在，市面上的美白牙贴通过缓释技术，缓慢释放漂白物质，并且由于总剂量较低，能有效减小对牙龈组织的刺激。

当然还有些内源性的牙齿变色问题是无法修复的。比如，过去感冒发烧时吃的四环素，它容易沉积在牙本质内，使得牙齿变成黄色、棕色，俗称为四环素牙。这种情况下只能通过装饰的方法，如烤瓷牙贴等，实现美白了。

牙齿美白如同皮肤美白一样，需要仔细呵护，十八般兵器都用上：注意口腔健康，定期洁牙，饭后漱口，学会使用牙线，选用优质牙膏，仔细刷牙。你有多么在乎你的皮肤，就应该多么在乎你的牙齿，这样才能齿如含贝，肌如白雪。

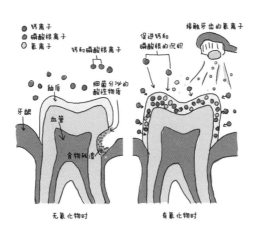

2

探秘第二波——护理产品

2.1 爽肤水产品探秘

2.1.1 爽肤水的清凉感从何而来？

让肌肤喝饱水，才能"水当当"。清洁皮肤后的第一步就是使用爽肤水（也称为化妆水或柔肤水）。爽肤水不仅可以改善皮肤光泽，抑制出油，调节皮肤酸碱度，还能给肌肤补水，并且促进后续涂抹的护肤精华的吸收。

顾名思义，爽肤水的主要成分是水，通常占到85%以上。它的功能性成分主要包括去角质、保湿、调理和提供肤感类的。

其中，去角质的成分有果酸和水杨酸等。这些成分在去除角质后会使皮肤更嫩滑，并且看起来更通透。但是，过分地去除角质会破坏皮肤屏障功能。

保湿类的成分与面膜和面霜中的一部分保湿成分相同，比如甘油和透明质酸钠等。

调理类的成分主要是指调节pH值的成分，比如柠檬酸钠和柠檬酸等。健康皮肤的pH值在5.5左右，而清洁皮肤后，即使是采用温和的清洁产品，皮肤的pH值也会有所升高。虽然皮肤的pH值会逐渐恢复到弱酸性，但这需要几个小时。使用含有酸性缓冲溶液的爽肤水，可帮助皮肤加速回到弱酸性状态。另外，有些爽肤水还会添加一些美白成分，但这些成分的含量会远远小于面霜与精华产品。

说到"肤感类"的成分，大多是提供清凉感的物质。可能不少人是因为喜欢这种"凉凉"的感觉才使用爽肤水的，特别在炎热的夏季，卸妆后，拍上一点凉凉的爽肤水，感觉整个人都放松了。这种清凉的感觉主要来自爽肤水中的酒精或薄荷醇。酒精有很强的挥发性，从皮肤表面挥发时，会带走一部分热量，给皮肤以清凉感受。酒精的另一个重要作用是清除皮肤油脂，加速老化角质代谢。同时，它还是一种不错的促渗透剂，可以促进有效成分吸收，为后续涂抹的护肤产品吸收打好了基础。而薄荷醇并不是通过带走热量而提供清凉感的，它会刺激皮肤的"感应器"，从而给人以清凉的感受。

但是，这种凉凉的感觉也未必完全是好事，过高含量的酒精与薄荷醇，会对一些敏感肌肤造成刺激。因此，要结合自己的肤质，选择合适的爽肤水。

2.1.2　天然水喷雾凭什么赚我那么多钱？

现在很多爱美女士的包里都会放一瓶天然水喷雾，时尚达人们称其为"大喷"，它可以让美女们随时随地为肌肤补水。花儿需要勤于浇灌才能保持娇艳，如今的美女竟然也是"浇"出来的。与传统护肤品不同，补水喷雾在使用时只需手指轻轻一按，就能给人带来宁静与清凉的感受。并且，其主要成分是水，不会给皮肤造成负担，于是这种产品在市场上很快就流行起来了。

天然水喷雾的水，一般是矿泉水。"春寒赐浴华清池，温泉水滑洗凝脂"——白居易在《长恨歌》中描述了女性对温泉水的喜爱，也暗示了富含矿物的泉水在人类护肤历史上的重要地位。很多天然水喷雾产品会标明其原料来自某地的著名温泉水，含有铜、锌和硒等矿物质。一般来说，来自火山温泉的天然水喷雾中，矿物质总量较高。这种喷雾的另一个优点是，无须添加防腐剂，因为充有高压氮气的铝罐能够保证"只出不进"，可避免二次污染。

但是，就价格而言，这些水喷雾有时让人难以接受，比如有些高端产品可以达到几百块一瓶。难道这些矿泉水真的如此珍贵吗？

其实，这些产品的包装成本往往比矿泉水的成本还高。它们为了产生细密的水雾，避免形成湿漉漉一片的肤感，并且促进矿物质的扩散渗透，需要把矿泉水分散成极小的液滴。这对于泵头的要求非常高，因此很多包装厂商投入大量的研发成本进行创新，并且申请专利。这使得喷雾的包装成本很高，比如有些高端喷头可达到十几美元一个。

不过，"大喷"仅仅是矿泉水和氮气的组合，并无有机保湿成分，因此想要达到理想的滋润效果，还要配合其他护肤品一起使用。

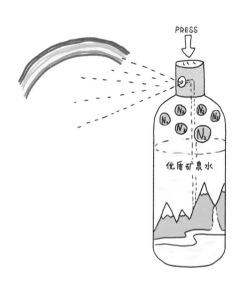

2.2　面膜产品探秘

2.2.1　面膜里的布是什么？

在干燥的冬季，当你结束了一天高强度的工作，精疲力竭的时候，你会觉得脸部的皮肤似乎已经干得要爆皮了。此时，如果能敷上一片水润润的面膜，让皮肤大口地喝水，瞬间整个人都像被充满了电。的确，面膜产品已成为女士甚至男士的护肤必需品，以及精神寄托。在这一章中，我们就来探秘面膜中的各种成分与科技。首先，来看看面膜布。

市场上主流的面膜产品都是由一张剪裁成脸形的布和功能性汁液构成的。这个面膜布具有很强的吸湿性，可以携带超过自身质量几倍的液体敷在皮肤上。它对汁液中功能成分的透皮吸收起到了极大的辅助作用，即较长时间地保持皮肤表面的高浓度。

可见，选择面膜布材料的第一原则是吸湿性。此外，它还需要有一定的"湿强度"。比如，卫生纸虽然吸湿性强，但是遇水后非常容易撕裂，没有"湿强度"。同时，由于是一次性用品，材料的成本也必须在考虑范围之内。综合这些因素，以黏胶纤维为主材的水刺无纺布是目前最佳的选择。

无纺布不同于普通的织物，它所包含的纤维并不像织物中的纤维，先经过纺纱再按经纬方向交错排列，而是几乎杂乱地排列在一起，再经过简单的梳理，最后"局部打结"固定在一起。如果这种"打结"的方式是通过一系列极细的高压水柱冲击纤维网的方式实现的，那么这种无纺布就称为水刺无纺布。正是这种简单高效的生产方式，使得无纺布的成本相对于织物来讲低很多。

杂乱的纤维铺成网

高压水柱穿刺纤维网，
使纤维缠结 把网固定

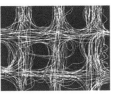

水刺无纺布的结构

黏胶纤维又是什么呢？它是一种人造的纤维素纤维，常以木本植物为原料（比如树木和竹子），通过强碱与二硫化碳对木质原料进行溶解与黄化，再用纺丝的方式把纤维素"熔融液"喷出，最后凝固形成纤维。由于这种纤维的成分几乎完全是纤维素，它对水的吸附能力超强，比棉纤维还要高不少。并且这种纤维可以做得极细，使无纺布的手感十分细腻柔滑。

另外，为了增强面膜布的强度，通常还会把黏胶纤维与一部分的热塑性纤维混合梳理成布，比如聚丙烯纤维、聚酯纤维。

TIPS

　　有些面膜宣称由竹纤维制成，具有天然抗菌功效。的确，天然竹纤维可以抗菌，但是它几乎不能做成无纺布，因为没有卷曲度，很难梳理。而如果以竹纤维为原料，制作黏胶纤维，再制成无纺布，则这种无纺布不会具有任何天然竹纤维的特殊属性。

　　市面上有一些蚕丝面膜，宣称由蚕丝制成面膜布。同样，天然蚕丝也很难梳理成网。主流的制作方法是在黏胶纤维的水刺无纺布中添加1%~2%的蚕丝，作为宣传的卖点。

2.2.2　面膜中的精华液

当你敷上一片面膜，沉浸在那丝滑、黏稠的精华液给你带来的无尽享受之时，可曾有个疑问闪现在脑海："这精华液到底是什么?"或许，你心里有个想当然的答案："全是护肤精华"。其实，这个答案说对也不对。面膜液中含有一定量的保湿、美白成分，但更多的是"勾了芡"的水。

水是面膜液中最主要的成分，通常会占到80%~90%，所以排在成分列表的第一位。其次，是一些水溶性的保湿成分，比如甘油、糖类和透明质酸钠等。当然，有些功能性面膜还会含有一些活性成分，比如烟酰胺、寡肽和植物提取物等。

可能大家会注意到，丁二醇也常常就座在配方列表的前排。一看到"醇"，大家就紧张了，瞬间会联想到乙醇，害怕它对皮肤有刺激。其实，丁二醇对皮肤的刺激性非常小，完全不用担心。它是配方中的溶剂，用于增加活性成分的溶解度，同时还有一定的保湿性。

"勾芡"是为了增加水溶液的黏度，一方面，可以降低面膜液的流动性，增加贴敷时与皮肤的浸泡时间；另一方面，能让你觉得精华液很有"料"。比如，卡波姆和黄原胶，就是常用的勾芡成分。

其实，面膜是一把双刃剑：长时间地浸泡皮肤，虽然可以促进活性成分吸收，但是也会使角质层"补水过度"，导致"水泥—砖块"的结构疏松，皮肤屏障功能降低。此时，一些有害物质就会乘虚而入，比如细菌和污染物等，这会导致皮肤受损或者发炎。

因此，敷面膜的时间不宜过长，频率不宜过高。至于那些"先敷个面膜再化妆"的说法，你一定要三思再三思。

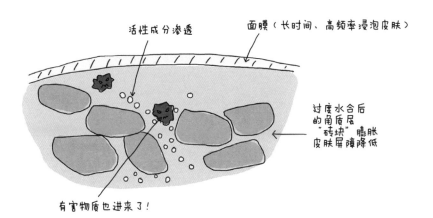

活性成分渗透

面膜（长时间、高频率浸泡皮肤）

过度水合后
的角质层
"砖块"膨胀
皮肤屏障降低

有害物质也进来了！

2.2.3 面膜界的"浩克"

漫威的经典人物，绿巨人浩克，大家都不会陌生吧。他平时是个身材单薄的普通人，而一旦发怒，就会变成肌肉发达的大块头。其实，面膜界也有一个会变身成"大块头"的产品——凝胶面膜。比如，海藻粉面膜就是这类产品。在包装中，它是细细的粉末，而与水混合后会迅速溶胀。涂在脸上几分钟后，它会变身成一张Q弹的"果冻"。

通常，这类产品包含成膜剂、填充剂与润肤剂三种成分。其中，润肤剂的种类与含量会影响面膜的实际功效；而成膜剂与填充剂，大多只会影响使用体验，比如形成"果冻"的速度以及"果冻"的柔韧性等。

成膜剂，主要是海藻酸钠、海藻酸钾，或者部分水解的海藻酸盐。因为它们是在藻类提取碘的生产过程中形成的副产物，所以有个好听的名字，叫作海藻提取物。同时，它们具有很好的安全性，常被用作增稠型的食品添加剂。从结构上讲，它们是天然多糖，具有较长的分子链，像一条条卷曲的细线，并且上面布满了羟基和羧基，用于结合水。因此，与水混合后，这些卷曲的细线会交织在一起，形成立体的网状结构，把水牢牢地锁在网络中。

填充剂，则是为了增加网状结构的强度，这就好像在盖房子时，先搭起骨架，再往里面填砖块。这些填充剂通常包括滑石粉、淀粉、高岭土、硅藻土、硫酸钙等。

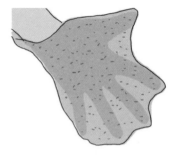

润肤剂，与普通面膜类似，

比如，有保湿效果的透明质酸钠，有消炎效果的精油成分和抑制黑色素的改性糖类等。但是，因为这类产品对粉末的流动性要求较高，不能让它们在包装中结块，所以一些高水分的润肤剂原料在配方中的应用受到了较大限制。因此，你会发现，这类产品的配方比普通面膜配方要"简洁"不少。

今晚，当你再让面膜"浩克"变身的时候，你心里会更加清楚，它那Q弹❶的"肌肉"中到底包含什么魔力。

---

❶ Q弹：水润并且有较强的黏弹性。

2.3 护肤必备品——面霜

2.3.1 面霜是怎么做出来的?

小Z是个理工男,每当他出差经过免税店,总会被朋友要求代购护肤品。一次,他站在专柜前面对琳琅满目的面霜,正在头晕目眩之时,导购小姐的一句"这个面霜是有油配方,那个面霜是无油配方",让他彻底崩溃了。WHAT? 难道面霜还有无油的? 一连串大写的问号瞬间出现在眼前……如果你也有与小Z一样的困惑,不妨看看下面的介绍,了解面霜是怎么做出来的。

几乎所有的面霜都是由三类物质调配而成:水性物质、油性物质和表面活性剂。

水性物质中,最主要的成分是水,它作为溶剂用于溶解一部分润肤剂、活性成分、pH调节剂、防腐剂以及染料。

油性物质中,可能包括植物油、矿物油、合成油、香精以及一些脂溶性活性成分。

油水不互溶,这是常识。如果要让面霜中的油性物质与水性物质均匀混合,则需要表面活性剂的帮助。通常,油性物质被分散成极小的油滴,悬浮在水性物质中,这就是乳液。但是,乳液太稀了,完全不是面霜的模样。因此,配方中还会含有一种特殊的表面活性剂,它具有较长的分子链,并且长满了枝杈。这些枝杈交织在一起,搭起了立体网格结构,使乳液变得十分黏稠。这种成分也被称为结构剂。

不妨一起来看个例子。如下的配方片段来自某面霜的成分列表:

　　溶解在水中的物质有：保湿剂——甘油、尿素、透明质酸钠；抗衰老活性成分——棕榈酰寡肽、绿茶提取物；防腐剂——苯氧乙醇；染料——CI17200。

　　油性物质包括：润肤剂——矿物油、霍霍巴油、聚二甲基硅氧烷（硅油）、异十二烷、异十六烷；抗衰老活性成分——维生素E。

　　鲸蜡硬脂基葡糖苷则是起到乳化效果的表面活性剂，而丙烯酰二甲基牛磺酸铵/VP共聚物就是我们所说的结构剂了。

　　看完上面的介绍后，小Z又拿起导购小姐推销的"无油配方的面霜"，仔细看了看配方列表，嘴角露出了一丝微笑……

2.3.2 保湿很重要

保湿是护肤的基础，也是最重要的步骤之一。你可能会想："这当然了，还用你说！宝宝我每天涂抹的面霜，不就为了保湿嘛。"可是面对品种繁多的保湿成分，你知道它们的功效吗，你又会甄别和选择吗？那么，不妨看看下面的介绍吧。

要知道如何保湿，首先要知道皮肤是如何失水的。这就好像范伟的那句经典台词："我不想知道我是怎么来的，我只想知道我是怎么没的。"

皮肤大致可以分为两层，真皮层在内，表皮层在外。真皮层含有胶原蛋白，而且含水量很高，在70%左右，它就好像刚刚撕开的一盒果冻，bling-bling❶地冒着水光。而表皮层的细胞，一路从基底层向外演化，经过有棘层和颗粒层，达到最外面的角质层，像是逐渐穿上了一层层的铠甲，水分也逐渐下降。角质层的含水量只有15%左右。由此可见，皮肤从内到外，形成了水位从高到低的水坝结构，而hold住阀门就是角质层。因此，一旦角质层松动，大坝就会开始泄水。有研究表明，当角质层的水分降低到10%左右时，皮肤就会出现明显的脱皮、干裂，甚至红肿。

既然知道了水是怎么没的，就不难想出对策。首先，可以增加皮肤的封闭性，把松动的角质层的缝隙填满。这就好像让一位受伤的大侠先暂时远离江湖，自行修炼内功，恢复体力。皮肤在经过几个小时的"隔离"后，通常可以恢复原有的含水量。起到这个功效的成分主要有矿脂、凡士林、神经酰胺、异硬脂醇异硬脂酸酯、角鲨烷、霍霍巴油、红

---

❶ bling-bling：水润，有较高光泽，并且有较大屈服应力的黏性状态。

花油、向日葵油、橄榄油、巴西棕榈蜡、小烛树蜡、蜂蜡等。

　　其次，可以在皮肤表面形成一层水化层，让大坝下游的水位高一些，甚至让水分倒流回大坝中。比如，甘油、木糖醇、PPG-15硬脂醇醚等就是采用这一方式达到保湿效果。

　　最后，可以增强皮肤自身的屏障性，减少水分流失。护肤品中的"万金油"——烟酰胺，就能起到这个效果。之所以说它是"万金油"，是因为它不仅能保湿，还具有美白、改善皮肤纹理、减少细纹、减少油脂分泌、缩小毛孔、减少红血丝等功效。

　　因此，可以针对自己的皮肤问题，选择保湿产品。比如，皮肤已经干燥受损了，可以尝试提高封闭性的成分。又如，夏季保湿，不想太油腻，可以挑选水化层的成分。如果有多重皮肤需求，则可以寻找一下几种成分的混合配方，或者找找含有烟酰胺的产品。

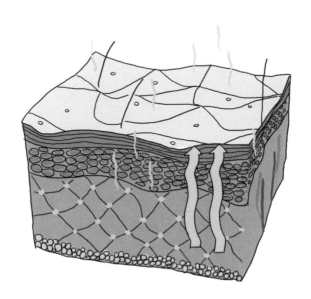

2.3.3 一白百媚生，阻击黑色素

中国有句古话说："一白遮百丑，一白百媚生"。美白，可谓是中国女性亘古不变的追求。从古代的胭脂水粉，到如今的美白褪黑产品，女性消费者们都不惜掏空腰包，争相购买。那么，美白是如何实现的呢？要搞清楚这个问题，首先要知道皮肤是怎么变黑的。

一般而言，皮肤变黑是由光照或基因/激素导致的。其中，光照变黑需要经历如下七步：（1）紫外光刺激表皮层。（2）表皮层的角质细胞发出信号，传递给肌底层："紫外光来了，赶快开启防御机制"。（3）收到信号后，基底层的黑色素细胞加速合成酪氨酸酶。（4）同时，酪氨酸酶加快产生多巴。（5）多巴一方面会产生多巴胺，让你嗨个不停；另一方面会被氧化成多巴醌。（6）多巴醌会进一步合成黑色素。（7）黑色素由基底层向外转移，到达表皮层，使皮肤变黑或形成黑斑。

然而，有些人的皮肤天生就比较黑，这是由基因决定的。他们皮肤中的黑色素细胞较多，并且酪氨酸酶的活性也较高。因此，不需要过多的紫外光刺激，就可以合成比一般人更多的黑色素。

如今的高科技美白成分，就试图截断变黑机制中的一步或多步，让皮肤呈现自然的白皙。具体而言，对于第（1）步，可采用吸收紫外光的成分，尽量减少其对表皮层的刺激，比如常用的双-乙基己基苯酚甲氨基苯嗪、甲氧基肉桂酸辛酯，以及某化妆品公司的专利成分"麦色滤"等。对于第（2）步，纤维醇、肌醇和洋甘菊提取物等可以降低信号分子的传递。对于第（3）步，维生素C衍生物和己基癸醇，可以降低酪氨酸酶合成的速度。而改性的糖类，可以遮挡酪氨酸酶的"要害部位"，从而尽量阻断第（4）步。对于第（5）步的阻断，抗氧化剂，比如维生素C

和维生素E，是不错的选择。对于第（7）步，烟酰胺的阻断效果很好。

如果黑色素已经转移到皮肤表面，一些去角质的成分，比果酸和蛋白酶等，可以加速角质层细胞的脱落，从而减少皮肤表面的黑色素含量，在一定程度上起到美白的效果。

不难看出，对于基因导致的皮肤变黑实施美白，只能从第（4）步以后想办法，阻击黑色素的生成和转移。

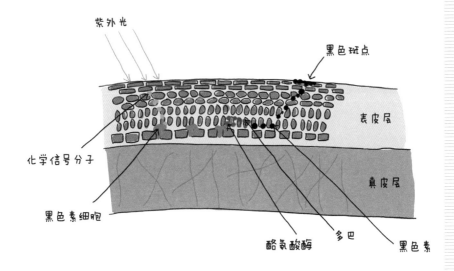

2.3.4 远离有毒美白成分

在前文介绍了美白淡斑的成分，美白固然重要，但是其前提是对皮肤足够安全，那么各类美白成分的安全性究竟如何呢？

人们最早使用汞来美白淡斑，由于效果立竿见影，这种疗法竟然曾经独霸一方，上至宫廷、下至富裕人家广泛使用。但是随着医学的发展，人们逐渐发现这种液态重金属对人体健康的重大危害作用，一时谈汞色变。长期使用汞元素超标的护肤品，重金属元素会通过皮肤渗透进入体内，并且随着血液的流动，积蓄在肝脏等部位，造成汞中毒，进一步使肝脏功能、肾脏功能、神经系统以及生殖系统受到严重损害，最严重的甚至可导致尿毒症和肾功能衰竭而危及生命。中国在2007年版的《化妆品卫生规范》中明文规定，在护肤类化妆品中禁止使用汞作为原料。但是，由于氯化汞、氯化氨基汞等物质的美白效果很突出，并且价格相对便宜，有些不法企业还在化妆品中过量添加这些汞的化合物。在护肤品工业中，某些原料无法完全除去含汞化合物，因此仍然间接引入了含汞添加剂，比如某些含汞防腐剂就仍然在应用。国家在相关法规制度中明确了汞的安全添加量要小于1毫克/千克，但在化妆品抽检中发现，某些不法厂家竟然超标数万倍，这对人体的伤害就不是一星半点了。

化妆品中常用的另一种添加剂氢醌，学名为对苯二酚，是传统上比较有效的美白祛斑成分。氢醌用于治疗色斑已经使用了50多年，时至今日其美白效果仍然是各类成分中非常领先的。酪氨酸酶是皮肤黑色素代谢过程中最重要的酶，而氢醌可以凝结酪氨酸酶，使这种酶失去催化活性。1986年，有关氢醌的安全性评价认为，氢醌以有限的浓度用于某些配方中是安全的。但是近年来最新的研究表明，氢醌对皮肤会产生轻微刺激，但对部分个体这种刺激反应可能会非常强烈，甚至有潜在的致癌风险。因此，中国从2002年起已经在《化妆品卫生规范》中明确规定：在祛斑类化妆品中禁止使用氢醌。但是，市面上流通的产品中仍然会不时检出氢醌成分，说明还有一些不法化妆品厂家在铤而走险，一味追求美白效果而置消费者的身体健康于不顾。目前，最安全的做法是：在医生的指导下，可以通过正确使用含微量氢醌的OTC药物达到治疗某些色斑的目的，但对服药时间、用药量要进行严格控制。美白固然重要，但是离开健康的美白不过是自欺欺人的错误选择。

一定要小心有毒美白成分！

2.3.5 冻龄肌肤，抗衰老

拥有冻龄肌肤是每个女人的梦想，即使不能让青春的脚步完全停下，各位女神们也会尽最大可能让肌肤衰老的速度减缓再减缓。因此，各种抗皮肤衰老的成分应运而生，并且不断更新换代。本书只对几种主流成分加以介绍。

首先，要搞清什么是皮肤衰老。大量研究表明，皮肤失去弹性，产生皱纹，出现色斑，以及松弛下垂都是皮肤衰老的标志。因此，各种抗衰老成分就是去分别对抗这些问题。不过遗憾的是，功效再强也怕松弛。

皮肤失去弹性或者产生深纹，主要是由于真皮层中的胶原蛋白和弹性蛋白受到破坏，或无法再生。胶原蛋白大家都不陌生吧，就是那个"弹，弹，弹走鱼尾纹"的"东东"，它在真皮层中起到"纵向"弹簧的作用，提供皮肤的弹性。而弹性蛋白，在真皮层中相当于"横向"弹簧，提供皮肤的柔韧性。

这些蛋白容易受到自由基的攻击，因此"干掉自由基"是抗衰老的第一重武功。抗氧化剂就师出这一门，它们可以有效淬灭自由基，常见的有维生素C、维生素E、维生素C衍生物、绿茶提取物等。

此外，胶原蛋白会被皮肤中的基质金属蛋白酶（MMPs）啃噬，而这些MMPs只有在紫外光（UV）的照射下才能被激活，所以"防晒"是抗衰老的第二重武功，在后面的章节中会重点介绍防晒的成分。

要让皮肤保持弹性，更重要的是激发胶原蛋白再生，这是抗衰老的第三重武功。多肽（缩氨基酸）主要练成了这一门功夫，它能给成纤维细胞发出信号："胶原蛋白告急了，别闲着了！"收到信号后，成纤维细胞加大马力，努力合成胶原蛋白。

当然，也有一些成分既能淬灭自由基，又能安抚MMPs，还能在一定程度上激活成纤维细胞，比如维生素A。但是，它练的是七伤拳，伤敌时可能伤己，有一定的刺激性与致敏性，使用的时候要慎重。

再来说说色斑（或老年斑），它是由黑色素过量分泌和淤积导致的，而黑色素是在酪氨酸酶的作用下产生的。由此可见，要防止色斑形成，必须控制住酪氨酸酶，这是抗衰老的第四重武功。其实，酪氨酸酶有个要害部位，只有糖类物质才能激活它。如果能把这个要害挡住，不让它和糖接触，问题就解决了。于是，改性的糖类成分被发明出来，来实现这一功能，比如氨基葡萄糖等。

虽然讲了这么多抗衰老成分和它们的武功，但并不意味着护肤品中只要有这些成分就能起到很好的效果。其实，功效与活性成分在皮肤中的渗透有直接关系。这就要看护肤品的配方是否合适，以及是否配合使用辅助吸收的工具了。

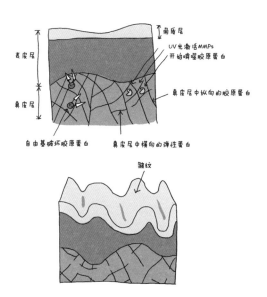

2.3.6 紧致皮肤靠拉皮?

在上一小节中,介绍了抗衰老成分的功效与作用原理,然而遗憾的是,这些成分都无法对抗皮肤松弛和下垂。虽然,市场上有些护肤品宣称可以紧致肌肤,但它们大多只提供了"紧绷"的肤感,并没有实际的改善功效。接下来,我们细细道出其中的原委。

其实,"松弛"已经不是皮肤的问题了。我们的体表由外到内分布着如下的组织:表皮层、真皮层、皮下组织(包括皮下脂肪)、筋膜和肌肉。通常所说的"皮肤",只包括表皮层和真皮层,这也是护肤品的活性成分能"触及"的区域。然而,"松弛"往往是由于筋膜和肌肉导致的,换句话说,筋膜和肌肉像一条条绳带,把皮肤和皮下组织固定在骨骼上,而一旦绳带松了,皮肤和皮下组织就挂不住了,于是出现了下垂。既然护肤品的活性成分无法渗透到肌肉和筋膜层,就不要对它们抱有任何幻想,去对抗松弛了。

通常护肤品宣称的紧致肌肤的功效,是在皮肤表面沉积一层成膜剂或者高分子材料,当水分蒸发后,这些成分会收缩,给人一种紧绷的肤感。

因此,如果你真的那么在意皮肤松弛,恐怕只能去咨询一下正规的医疗美容机构了。就像宋丹丹的小品里说的:"美美容,再做个拉皮儿……"

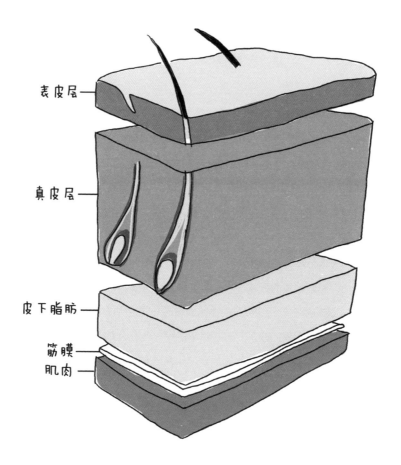

表皮层

真皮层

皮下脂肪

筋膜
肌肉

2.4 美肤新宠

2.4.1 精华与面霜有什么不同？

爱美女士的梳妆台上瓶瓶罐罐真是不少，常见的护肤品有爽肤水、乳液、面霜和防晒霜等。如今，一些功能性护肤品，比如"精华"，也成为护肤新宠。精华一般是用在爽肤水之后，乳液或者面霜之前，目的是让皮肤更好地吸收其活性成分。那么，精华与面霜的最大区别在哪里呢？

面霜一般是膏状的，比较厚重，含有丰富的保湿成分，不仅可以起到深层滋养肌肤的作用，还能在肌肤表面形成一层保护膜，帮助肌肤锁住水分。同时，面霜中还可能含有一些活性成分，比如美白和抗衰老物质，但其含量相对较低，效果也不如精华那样明显。

精华一般是黏稠的液体，所以也被称为精华液。俗话说"浓缩的都是精华"，精华里面的活性成分的确比面霜高一些，所以能够帮助肌肤在较短时间内实现明显的改善。有些精华还宣称含有天然植物提取物，但其功效如何，要看天然成分的添加量。如果只有微量，那么这种宣称更多是一种概念，不会有显著的临床效果。

有的精华液非常黏稠，甚至可以拉出丝来，这让人们认为其浓度很高。事实上，稠度与有效成分含量并不直接相关，在产品中添加增稠剂，比如甘油聚甲基丙烯酸酯、聚丙烯酸钠—丙烯酸交联物等就可达到这种效果。使用质地相对黏稠的精华产品，干燥后会在脸上形成一层膜，因为其绷紧了皮肤，所以可产生瞬时的抗皱效果，但这仅仅是物理作用而已。

2.4.2　安瓶是什么？

很多人第一次接触安瓶是在拍个人写真或者婚纱照的时使，它其实就是装在小玻璃瓶里的一点精华液，看似普通平常，但能快速改善肌肤状态，让妆容更精致。近年来，安瓶在日常护肤领域迅速火爆起来。安瓶原来称为安瓿（bù），其实是拉丁文ampulla的译音，而瓿又正好是中国古代的一种瓮状容器，这么看来，安瓿这个名字翻译的还是很巧妙的。安瓿本来是用来装液体药品的，就是那种封口的玻璃管，在医院打针时，护士会掰掉上半部玻璃帽子，用针筒吸取药液注射。

护肤用的安瓶经常是独立的小包装塑料瓶或者玻璃瓶，有点百宝锦囊或者武器弹药库的意思，首先从视觉上给人带来很强的仪式感。对于护肤达人们来说，手里备着一盒安瓶，就好像携带了一套精良的装备，即使遇到突发情况也能做到心中不慌，只要取出一支来就能快速改善皮肤状态。

安瓶中一般装有高浓度护肤成分，比如皮肤保湿剂等，其含量能达到面霜的好几倍，因此在使用时能快速见效。有时，安瓶中还会再加入阿拉伯胶等成分，用于在皮肤表面形成一层薄膜，锁住护肤成分，让皮肤看起来更紧致，更富光泽。

安瓶还可以有效避免某些活性成分失效，比如维生素C。维生素C暴露在空气中很容易因氧化而失效，因此很难将高浓度的维生素C添加到膏霜等日常护肤品里，即使添加了，其含量也会随着使用而快速降低。这时候，安瓶就显示出了很大的优越性，因为其独立的一次性小包装可有效避免氧气的侵入，保证活性物质的浓度在使用前不衰减。

2.4.3　精华一定要让你看到

某著名护肤品的电视广告十分耐人寻味："什么让女人美丽？首先是快乐，没错！其次是肌肤的能量。"其实，这话说得很对，内心的愉悦可以让激素水平正常，甚至比涂抹护肤品更能让人容光焕发。同时，这句广告语也道破了护肤品设计的策略——比提供功效更重要的是，给消费者传递"感官信号"，迎合她们的内心需求，让她们愉悦。

除传统策略上的触觉信号（如清凉感和丝滑感等）外，越来越多的护肤品开始设计视觉信号，让消费者在未涂抹时，就对产品功效深信不疑，觉得钱花得值！

比如，在精华液中添加五颜六色的闪亮小珠子，或者堆积如鱼子酱般Q弹软嫩的大珠子，是一些高端产品设计出的视觉信号。你一定会认为它们就是精华所在，而当你把它们从瓶中倒出，碾碎于掌中时，仿佛看到了各种胶原蛋白快速释放。

实际上，那些闪亮的小珠子通常是由颜料细粉摇成的小"元宵"。如果"元宵"的内外是由两种不同细粉组成的，当它们被碾碎时，你就可以看到颜色的变化，这是变色小珠子的秘密所在。

而那些如鱼子酱般的大珠子，往往是聚氨酯包裹的胶囊。至于精华成分是包裹在胶囊内，还是存在于胶囊外，就不一定了。因为，通常微胶囊的制备，对包裹芯材的性质要求十分苛刻，并不是所有的成分都可以制成微胶囊。

有了这些视觉信号，护肤品可以更好地发挥功效，不仅让你皮肤改善，而且让你快乐，从而更加美丽。

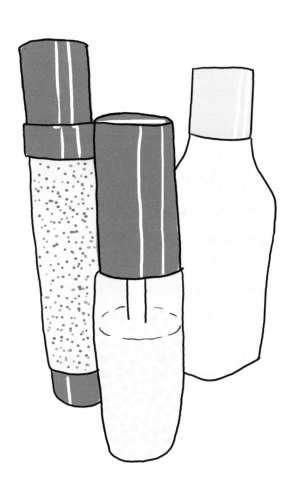

2.5 防晒真的很重要

2.5.1 无处不在的光

《圣经》里说:"起初,神创造天地。神说要有光,就有了光。"光可谓在上帝创造世界的第一天就有了。那么,为什么人们对光又爱又怕呢?一方面要让老人、孩子去晒太阳,而另一方面又要涂涂抹抹拼命防晒。

大致而言,光可分为紫外光、可见光和红外光。其中,紫外光是肉眼看不到的能量最高的光,它对皮肤的影响最大;可见光则是我们认识这个五彩缤纷世界的重要媒介;红外光,同样也是肉眼看不到的,但它的能量较低,对皮肤影响较小。

其实,让我们又爱又怕的是紫外光。说"爱",是因为它能杀死细菌,对大自然起到很好的调节作用。基于这一属性,医院常常用紫外线消毒。并且,对皮肤来讲,它可以预防疥疮和毛囊炎等皮肤病。同时,紫外光还可以将人体皮肤内的固醇物质转变为维生素D,促进钙磷吸收,预防骨软化与骨质疏松。

说"怕",是因为过量的紫外光会引起皮肤红斑、晒伤、变黑与老化。阳光中的紫外线依照波长不同,可分为UVA、UVB和UVC。UVC能量最高,但当它穿过大气层时,基本被过滤掉了(谢天谢地,医院紫外灯就是UVC)。抵达皮肤的紫外光主要是UVA和UVB。

UVB大多存在于户外,它可以射入皮肤表皮层。在夏天的白天,或日照充足的午后,UVB会特别强烈。它会令皮肤表皮层的脂质氧化,使皮肤加速失水，进一步导致晒伤、变红，甚至发痛。对于一般人来说，夏日充足的UVB可以使皮肤在25分钟内晒伤。现在市场上绝大多数防晒品是防UVB的。

UVA穿透力强，不受窗户和遮阳伞的阻隔，所以室内也会有。甚至在阴天下雨时，它都可以"伤"到皮肤。UVA可穿透真皮层，是加速皮肤衰老的主要原因。UVA会导致脂质和胶原蛋白受损，破坏胶原蛋白和弹性纤维组织，促使皱纹产生。并且，它还能使皮肤里保湿的透明质酸含量减少，令皮肤干燥，加速黑色素形成。图中的男士是一位送牛奶的卡车司机，他的左脸与右脸差别巨大！这是因为，他左脸常年靠近车窗，接受更多的紫外线照射，衰老速度明显加快。

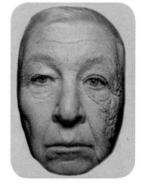

（该图片来自2012年的《新英格兰医学杂志》）

因此，防晒不仅是在户外，在任何地方都要注意，因为无处不在的UVA正在默默地给你"抹黑"呢！

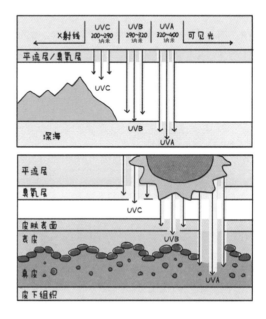

2.5.2　读懂SPF，买对防晒霜

说到"防晒"，我们的第一反应或许是各种防晒产品。其实，人天生就有防晒本领，即黑色素。黑色素可以很好地吸收和反射紫外线，从而保护真皮层与皮下组织。当有过量的紫外线刺激皮肤时，黑色素的合成速度会加快，开启防御机制。

白种人或皮肤白皙的黄种人，由于黑色素较少，对UVB相当敏感。一旦长时间暴露在阳光下，皮肤就会出现灼伤，表现为红斑、水肿和雀斑等。相比之下，皮肤稍黑的人群对紫外光的敏感程度较低，不是特别容易被晒伤。

当然，仅靠"天生"是不够的，我们再来看看防晒科技。防晒系数（Sun Protection Factor，SPF）是人们挑选防晒产品时的首选指标。SPF是指在涂有防晒剂的测试皮肤上产生最小红斑的能量，与未涂抹产品的测试皮肤上产生相同程度红斑能量的比值。比如，未涂抹防晒产品的皮肤在某条件下，15分钟时出现红斑；那么，涂抹了SPF15的产品可将该现象延后15倍，即225分钟时才出现红斑。

经常使用防晒产品的消费者可能会发现，相同SPF值的产品，防晒效果会有很大不同。这个原因有两方面：（1）产品测试方法；（2）标识的法规。首先，SPF是在实验室条件下挑选特定志愿者做的测试。不同人群产生红斑的基础值以及相应曲线不同，所以欧洲产品的SPF测试可能以白种人为基准，由于其皮肤黑色素含量及补充形成速度与黄种人有较大差异，因此那些产品的SPF值难以与亚洲产品直接对照。其次，各国对于SPF值的标识规定有较大差异。比如，SPF45的产品，在中国和日本可以标识为SPF45，但在欧洲，它只能标识为SPF30。这是因为欧洲

SPF=31~49的防晒品只能标识为SPF30。对于喜欢"海淘"的人来说，这点需要注意。

用SPF值表征防晒水平，有一个重大缺点：它是以延缓皮肤炎症的效果来计算防晒效果，而不是遮光率。防晒霜可以通过添加消炎物质来提高SPF值，但其实际的遮光效果可能并不好。消炎成分可导致虚假的安全感，而实际上你的皮肤可能已经受到了紫外线的损伤，发生了老化。

另外，防晒霜的涂抹厚度以及均匀度，会直接影响防晒效果。如果实际涂抹厚度不能达到实验测试的条件，防晒产品就很难达到其宣称的效果。推荐的涂抹量应该达到2毫克/厘米²以上。比如，用一茶匙的防晒霜涂满脸部时的涂抹量，大约是2毫克/厘米²。如果涂抹的手艺不佳，那就尽量选择SPF值更高的产品吧。

TIPS

防晒产品有时还用PA（Protection Grade of UVA）表示产品防晒能力。在中国、日本、韩国等亚洲国家，SPF与PA分别表示对UVB与UVA的防护能力。在美国，SPF表示产品对UVB的防护力，而星级表示产品对UVA的防护能力。在欧洲，SPF表示产品对UVA和UVB的防护力。因此，一款在欧洲的SPF50的产品，转化成日本标准就是SPF50和PA++++。

炎炎夏日，大家去海滩的时候，务必要选择SPF50或50+，PA++++，并且具有防水功能的产品。

2.5.3　乱花渐欲迷人眼，拿什么防晒？

从本质上讲，防晒科技无外乎两种：将紫外线反射掉（物理防晒）；将紫外线转化掉（化学防晒）。化学防晒可谓是"乾坤大挪移"，它利用特殊分子吸收紫外线，并转化为热能。而物理防晒则是利用细小的颗粒，将紫外线反射，不让其进入皮肤组织。

采用化学防晒的产品，肤感轻薄，但持久性并不好，在长时间的日晒下，往往需要通过增加涂抹次数来维持防晒效果。物理防晒剂，大多是二氧化钛和氧化锌，其肤感厚重，有一些黏腻感，但持久性好，并且对皮肤的刺激性低。目前，市场上流行的防晒产品大多是结合两种防晒手段，以平衡肤感和防晒性能。

当然，任何事物都有正反两个方面，防晒霜也不例外。不是在任何条件下都选择防晒效果最好的产品，因为高性能的防晒产品可能会增加毛孔堵塞与皮肤刺激的风险，出现"焖痘"。对于黄种人来讲，在正常的日光照射下，皮肤晒伤时间大约为25分钟，那么SPF30的产品可以提供超过10小时的保护。如果考虑涂抹不均匀的因素，它至少也能提供5个小时左右的防护，这其实对于日常防晒就已经足够了。但是如果去"超正常"日光照射的地区，比如海边或高原，就要提高防晒霜的规格了。

另外，容易出汗或者进行游泳活动的人群，需要选择防水型防晒产品。根据法规规定，这些产品的防晒效果在水洗后不会低于宣称值的50%。就配方而言，防水性可通过两种方式实现：（1）采用油包水型乳化，即油在外层，而水在内层，这种方式防水效果好，但是肤感比较油腻；（2）采用水包油型乳化，并且添加防水聚合物，这类产品相对比较清爽。

物理防晒

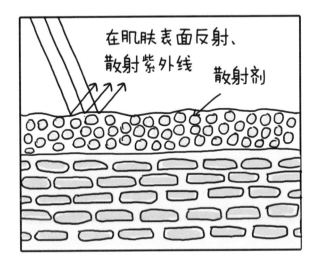

化学防晒

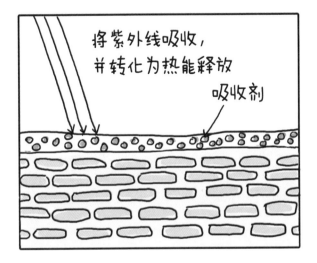

2.5.4 防晒冷知识

办公室也需要防晒?

大家通常会认为,只有在炎炎烈日下才需要防晒,因为高强度的UVB会导致皮肤发痒,甚至出现红斑与水泡。因此,"刺痛"之下,必有重防,人们选用各种防晒产品,简直可谓"武装到牙齿"。这固然是正确的,但是你有没有想过,室内也要防晒呢?

实际上,UVA的穿透性很强。在室内,即使有玻璃的阻挡,UVA的最高强度也会达到户外的95%,因此办公室的光污染是需要被重视的。UVA不仅使人变黑,而且会导致皮肤老化与角质层增厚。著名皮肤专家John Hawk教授认为,90%的皮肤老化都可归结于紫外线的照射。

另外,在上下班途中,人们会短暂地暴露于高强度的紫外线中,所以女白领们最好使用SPF值为15~20并且PA在PA++以上的防晒品。

防晒霜要不要卸妆?

如果防晒霜的说明书建议卸妆,就要用卸妆水来去除防晒霜。而对于那些未特殊强调"卸妆"的防晒产品,普通的洗面奶或沐浴液就可以实现"卸妆"了。或许有些人会认为具有防水功能的防晒霜一定要用卸妆水除去,其实这并不一定。比如,防水性好的"油包水"型的防晒霜产品,配方中的油性成分可以被洗面奶中的表面活性剂乳化,因此无须卸妆水就可以轻松"卸妆"。

秀发要不要防晒？

紫外线会对秀发造成伤害，一方面UVB能破坏头发表层的油脂，使水分蒸发，从而使毛鳞片翘起，令头发干枯缠结；另一方面，UVA会损伤头发皮质层的角蛋白，使头发变脆易折断。同时，UVA还会破坏皮质层内的黑色素，使头发的颜色和光泽受到永久性的损伤。

另外，过度的紫外线照射还会对头皮造成损伤，影响毛囊的发育和头发的生长。笔者建议采用物理防晒的方式对头发和头皮进行防晒。比如，可以将防晒乳和水按照1∶3的比例混合，涂抹在头发上。当然，也可选择针对头发或头皮的防晒喷雾。

虽然防晒是个"硬"任务，需要提高警惕，但也不要做得过分，使得维生素D无法合成。因此，在日光强度不是很高的早晨或傍晚，可以晒一晒太阳。

2.6 明星护肤大法器

2.6.1 昔日王谢堂前燕——透明质酸

曾几何时，透明质酸（hyaluronic acid）成为美容界的明星，价格十分昂贵。它具有卓越的保水作用，是目前发现的自然界中保湿性最好的物质，被称为理想的天然保湿因子（Natural moisturizing factor, NMF）。研究表明，透明质酸可以吸收自身质量500~1000倍的水分，左图是它的分子结构。

透明质酸是一种多糖，最早是由美国哥伦比亚大学眼科教授Meyer等从牛眼玻璃体中分离出来的。由于提取率不足1%，导致其价格昂贵，堪比黄金。近年来，工业界采用微生物发酵法获取透明质酸，由于原料廉价且收率较高，透明质酸的价格有了明显下降，能被普通消费者负担得起。

透明质酸又被称为玻尿酸，这其实是由于"乌龙翻译"导致的。hyal是指透亮的玻璃，而uronic acid指的是糖醛酸，而非尿酸（uric acid）。透明质酸和透明质酸钠在化妆品中都被广泛使用，前者是酸，而后者是酸的中和产物。

一个体重70千克的人，体内大约有15克的透明质酸，其中约有1/3的量参与新陈代谢。透明质酸在人体内发挥着多种重要功能，如润滑关节，促进伤口愈合等。皮肤中含有大量的透明质酸，对于成人来说，它主要集中于真皮层，是填充在细胞之间的主要基质。但是，随着年龄的增长，透明质酸在人体内的含量逐渐降低，从而导致皮肤含水量下降，角质层代谢缓慢与老化。

透明质酸可谓是"智能"的保湿因子：当环境相对湿度较低时，它的吸湿量高；而当相对湿度较高时，它的吸湿量低。这种特性可以充分调节皮肤的干湿性。在护肤品中，透明质酸很少单独使用，因为它与水分子的结合是一种"弱链接"，难以避免水分蒸发。因此，在配方中，它需要和凡士林或油脂等提高皮肤封闭性的成分共同使用，达到"补水—锁水"的效果。

那么，透明质酸分子能否单独地穿透健康的皮肤，渗入真皮层呢？换句话说，直接涂抹透明质酸原液会不会效果更好呢？这个要具体问题具体分析了。其一，透明质酸有不同分子量大小的，功效也不一样。护肤品里比较多用的是大分子量的透明质酸，它能够吸收比自身体积大很多的水分，在皮肤上形成一层膜，水分自然无法散失了，保湿效果会好一些，但是穿透力差，不会被皮肤吸收。小分子量透明质酸，可渗透到皮肤深处的真皮层，在皮肤内部锁住水分，促进皮肤代谢，使皮肤湿润光滑、细腻柔嫩、富有弹性。但是它在皮肤表面不能成膜，防止水分蒸发的能力很差。有些护肤品中会将大小分子量的透明质酸配合使用，以达到更好的效果。其二，角质层间隙的成分是亲油性的物质，与亲水性的透明质酸分子相互排斥。普通的透明质酸是水溶性的，对皮肤的亲和性还是不够好。有些透明质酸还会经过修饰，比如乙酰化等，就能够很好地附着在皮肤上了。

2.6.2 当产品成为传奇

护肤品属于快速消费品，一般来讲，它在市场上的更迭速度很快，比如某一炙手可热的产品可能在一两年后就变得无人问津了。但是，也有极少数的护肤品，凭借其独特的定位、出众的性能，以及优雅的品位创造着经久不衰的传奇。消费者们始终对它们心驰神往，用之则如饮甘露，滴滴动情。

某品牌的"神仙水"就是这样一个传奇产品，它自从于1981年11月在日本上市后，配方基本保持不变，可谓是"一步到位"的配方典范。产品中的主要活性成分是Pitera™。

Pitera™是一种半乳糖酵母样菌的发酵产物。传说在1975年，年轻的科学家在日本北海道的一家清酒厂里考察，惊讶地发现年迈的酿酒师傅拥有一双细嫩的手，这与她那苍老的皱纹堆垒的面容形成了鲜明对比。从此，科学家揭开了一个清酒酿造过程的秘密，也是一个让肌肤晶莹剔透的秘密。此后的几年中，配方师们精心研究，历经失败而百折不挠，终于使Pitera™配方成功上市，令传奇故事开始上演。

Pitera™本身呈弱酸性，pH值为4.5~5.0，而健康皮肤的pH值也在5.5左右，因此神仙水没必要刻意调节酸碱度来迎合皮肤的微环境。并且，它还有助于剥离老化的角质层，同时不会对皮肤的微生物群落造成冲击。当然，仅仅是弱酸性的pH值，还不足以成就传奇，Pitera™拥有多方面的被临床证明的护肤功效。但是，一款经典的传世之作，一定会保留一定程度的神秘。因此，对于Pitera™的具体化学成分与作用原理，目前还没有大量的研究报道。

其实，酵母菌发酵产物除在"神仙水"中有应用外，在另一品牌的

"小棕瓶"里也有添加，但是菌种不同。"小棕瓶"里采用的是比菲德菌发酵液，也是酵母菌发酵产物。发酵后过滤掉酵母其他杂质，如同米酒的酿造，过滤出汁液。然后经过消毒和浓缩，添加到配方当中。

今晚，当你在涂抹传奇产品时，请仔细体会它们传递给你肌肤的神秘能量，这股能量或许真的可以帮你青春常驻。

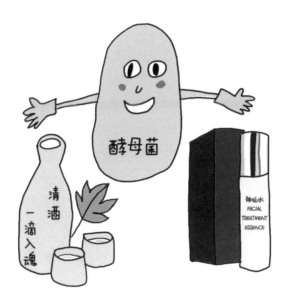

2.6.3　神奇的胜肽

在化妆品的各种有效成分中，"胜肽"是个相对神秘的存在。虽然其护肤效果显著并且对皮肤温和，但因为其价格昂贵，在以往的护肤品中很少得到应用，甚至被称为"黄金胜肽"。近些年，随着中产阶层的崛起和消费观念的升级，胜肽逐步走下神坛，慢慢进入大众护肤品的世界，为更多人所使用。接下来，我们就来揭开它神秘的面纱。

人体皮肤中含有大量蛋白质，蛋白质是由一个个氨基酸组成的，数个氨基酸连接在一起就组成了一段肽。某段肽往往是蛋白质发挥作用的核心，虽然体量不大，但是地位十分重要。随着生物科技的飞速发展，人们对皮肤代谢、老化等生理活动的机理理解越来越深入，目前已达到分子层面。人们逐步发现了多肽对保持皮肤健康活力的重要作用，并且把它添加到了护肤品里，并称为"胜肽"。有时候为了增强多肽对皮肤的亲和力、渗透性，或者在护肤品配方中的应用性，还会对其结构进行优化，增加一些乙酰基或者棕榈酰基，以达到更理想的吸收效果。

不同多肽发挥作用的原理不尽相同，基本可以分成四类：

第一类是作为信号分子起效。人体皮肤就像一台精密运转的机器，各个部件的正常工作都需要肌肤一些特殊的信号分子来指挥和协调。但是随着年龄的增长，或者不良外界因素的影响，有些信号分子减少了，有些反应迟钝了，就不能正常传递信号，皮肤的运转也就会受到干扰。这时，化妆品中的多肽就可以担负起信号分子的功能，比如某品牌的大红瓶中的明星成分——黄金胜肽棕榈酰五肽-4，就能够刺激某些胶原蛋白的生成，进而减少皮肤上的皱纹。

第二类是作为神经传导阻断剂起效。现在有一种很流行的美容方法，是通过打肉毒素针来减少皱纹。肉毒素是一种蛋白质，它能够阻断神经和肌肉之间的信号，强行放松过度紧张的肌肉，皱纹就随之消失了。乙酰基六肽-8、蛇毒肽等具有类似肉毒素局部结构和作用的多肽，不需要打针注射，简单地添加在普通护肤品中，也能起到一定的减少皱纹的作用。

第三类是作为金属载体出现的。这类多肽在皮肤里主要承担着"快递员"的作用，负责把铜离子等物质运送到需要的位置。这类多肽中最著名的要数蓝铜胜肽。科学家在20世纪70年代发现它能在表皮层刺激干细胞的生长，加快表皮细胞的代谢，还能在真皮层刺激胶原蛋白的生成，起到显著的抗衰老作用。

第四类是抑制皮肤里酶的作用。比如，皮肤中的胶原蛋白水解酶是专门负责切断胶原蛋白的。有的多肽简单粗暴，可以直接抑制胶原蛋白水解酶的活力，间接保护了胶原蛋白不被破坏，就可以延缓皮肤的衰老过程。

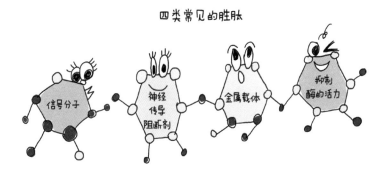

四类常见的胜肽

2.6.4　珍贵的植物精油

在日常护肤和SPA按摩中，很多时候会使用到精油。精油不仅让人们感到神清气爽、愉悦放松，还有滋润护肤的功效。精油，顾名思义，是从植物中提取的"油类精华"。在植物的叶片、花瓣、根茎之中，常常会分泌出具有浓郁芳香气味的有机物，人们通过蒸馏、压榨等方式，把它们从植物中萃取出来，就得到了精油。精油一般是纯天然的植物制品，它不同于人工合成的香精，对皮肤来说更安全、更自然。纯天然精油价格都比较昂贵，常说"万花丛中一滴油"，提取一滴玫瑰精油大约需要4000朵玫瑰，3～5吨的玫瑰花瓣只能蒸馏出1千克左右的玫瑰精油，所以全世界一年的玫瑰精油产量加起来也不超过1000千克。精油虽然被称为"油"，其实里面含有萜烯类、醛类、酯类、醇类等众多化学分子，例如，玫瑰精油里就含有250种以上不同的分子，综合释放出独特的芳香气味。精油的分类方法有很多，如果按照组成来分类的话，一般可以分成单方精油、基础油和复方精油。

单方精油，是指从一种植物中提取的精油。通常以该植物名称或植物部位名称命名，一般气味比较浓郁，有某种特定的功效，比如纯的玫瑰精油、茉莉精油、桂花精油等。单方精油分子比较小，特别容易被皮肤吸收，但由于有效成分浓度高，因此大多数不适合直接擦在皮肤上，使用前需要稀释在膏霜或者基础油里。

基础油，也称为基底油或调和油，一般来自植物的种子和果实等，挥发性相对要差一些，但是它的性状很稳定，能够用来稀释调和其他单方精油，当然也可以单独使用，比如霍霍巴油、葡萄籽油等。

　　复方精油，是一种或几种单方精油稀释在基础油中混合成的精油，有点像混合果汁或者食用调和油。一般来说，复方精油通常比单方精油的浓度更低，也更加温和，而且可以同时具备几种单方精油的功效，甚至产生协同效应，起到1+1>2的效果。

2.6.5　花露

"解语万千宠，花露一点香"，红楼梦里提到的花露给后人留下很多浪漫的想象。到了化妆品高度发达的今天，花露在富有情调的护肤品中占据了一席之地。市面上的花露也称为纯露，既可以单独当作化妆水来用，也能够搭配纸膜敷脸，或者用来调和面膜，甚至还能够泡澡泡脚，使用方法非常灵活。

纯露其实是精油的副产物，精油的提取方法主要是蒸馏法和压榨法。蒸馏法多用于芳香类植物，一般是这样提取芳香油的：植物采摘后会被放入一个大蒸馏锅中，在蒸馏过程中，蒸汽不断穿过花瓣或者植物本体，蒸馏气体冷却后收集起来，得到的产物会产生油水分离，上层的油收集起来就是精油，而下面的水溶液是饱和的植物蒸馏水，也就是我们所说的纯露。

（该图片来自2014年2期《中外女性健康》）

纯露虽然没有精油那么昂贵，但都是纯天然的产品，不添加其他化学成分，因此保养功效很不错。纯露除了含有微量的精油以外，主要富含大量植物体内的水溶性物质，比如，单宁酸、类黄酮等有效改善皮肤状态的成分，这是精油中所没有的。而且相比于纯精油，纯露中的精油浓度比较低，更容易被皮肤吸收，温和不刺激。

有些精油是通过压榨法来得到的，也就是通过直接挤压植物组织，使其中的精油成分和汁液一起流出，稳定后油水分层提取，属于冷萃的精油。通常用这种方法处理植物的果实、种子以及果皮等，比如，佛手柑、葡萄柚等植物。这些精油的提取并没有蒸馏这个程序，所以就不可能存在纯露了。

2.7 护肤品中你不知道的事

2.7.1 原材料中的杂质

近年来，时常看到这样的新闻："××品牌的护肤品含有重金属"，"××化妆品监测出禁用成分"。这些报道弄得人心惶惶，甚至可以一夜间摧毁一个品牌。但是，这些产品中的杂质真的那么可怕吗？事实上，只谈杂质不谈其含量的做法是不合适的，有些的确是化妆品里的杂质含量超标了，但有些却是某些媒体为了博人眼球，或者为不正当商业竞争者谋取利益而实施的伎俩。

其实，在对化妆品要求极其严格的欧盟法规中，禁用物都不是零容忍的，其指出：在优良的生产条件下，来自原材料、生产、储存或者包装过程的微量的技术上不可避免的非目的性的禁用物质，只要符合安全量或者使用说明等，是可以接受的。

虽然这些禁用物在产品中的含量极少，不会对人体造成危害，但是鉴于大家对它们如此关注，笔者在这里简单介绍几种常见的物质。

重金属是最常被拿出来批判的物质，它主要是指铅、砷、汞、铬、镉、锑和可溶性的镍。其实，环境中或多或少地含有这些物质，一方面是由于工业的污染，另一方面是由于自然界元素的天然分布。来自自然环境的原材料就会含有相应的重金属成分，尤其是一些矿物质，比如滑石粉、氧化锌、云母等。法规对重金属的含量有明确的规定，比如铅不能超过百万分之十。通常，一些正规的厂商会把原材料中的重金属控制在法规限制量以下，再加上原材料在产品配方中的稀释（水在产品中的含量常常是最高的，排在成分列表的第一位），最终产品中的重金属含量会远远低于法规的限制量。

二噁英是另一种让人胆寒的杂质，因为它是一种致癌物质。实际上，在化妆品的原材料合成中，如果有环氧乙烷参与反应，就很难避免副产物二噁英的生成。比如，原材料列表中的聚醚或聚氧乙烯等，其生产过程就有可能生成二噁英。中国明确规定二噁英的含量不得超过百万分之三十。

塑化剂也是近几年闹得沸沸扬扬的禁用物质，它会干扰人体，尤其是男性激素的分泌。护肤品中的塑化剂一部分来自塑料包装的成分迁移，另一部分则来自原材料，比如香精中的定香剂等。

因此，为了进一步避免遇到禁用物质超标的产品，笔者建议尽量购买国际知名大公司的产品，毕竟他们的质量监管体系与原材料供应链会更加靠谱一些。

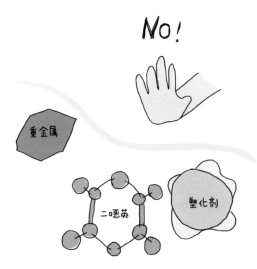

原材料中的杂质

2.7.2　越黏越有料吗？

在挑选洗护产品时，通常倾向于选择黏稠的产品，因为它们看起来非常有料。但是，真相往往与我们的想法不一致。那么，产品增稠的奥秘在哪里呢？

其实，洗护产品的增稠主要靠两种手段，其中之一是增稠剂。常用的增稠剂是亲水性高分子聚合物。这类材料，分子量巨大，如长长细细的蜘蛛丝，在水中搭起一张张相互穿插缠绕的立体网。依靠这些三维网络，液体产品有了一定的结构，产生了"弹性"。弹性就是指阻挠外力让它变形的能力，相当于一种"守旧势力"，因此产品有了一定的黏度。

这类材料用途广泛，在沐浴露、洗发水、洗洁精和洗衣液里展露身姿，同时也在凝胶、牙膏和果冻中大显身手。它们除了增稠外，还可以用来悬浮一些不可溶的成分，甚至还可以锁水保湿。这类物质只需一点点，就能有把如水一样稀的配方变成如果冻般黏稠的产品。

增稠的另一种手段是盐。盐？！是的，家里的食盐就是一种常用的增稠剂。在洗涤产品中，有大量的带负电荷的表面活性剂。它们是发泡、清洁的主动力。它们结构特殊，像带蒜头的青蒜苗。胖胖圆圆的蒜头就是它们亲水的带负电荷的大头，而蒜苗部分喜欢相互缠结，形成一个个球形聚集体，称为球状胶束。带负电的离子头相互排斥，使得胶束只能形成结构松散的球形结构。当加入少量的盐时，负电荷被带正电的钠离子屏蔽，表面活性排列更加紧密，胶束变成棒状，黏度增加。而当盐的加入量进一步增加时，胶束变为棒状，体系黏度骤增。

那么，这些成分可为有料乎？非也！

实际上，较浓稠的产品由于结构相对稳定，分散性较差，需要更长时间的搅拌与涂抹才可以让活性成分释放出来，反之较稀薄的产品更容易分散。产品的稠与稀，更多的是为了满足消费者的期望，或者提高产品的稳定性。

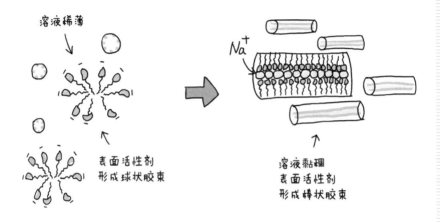

溶液稀薄

表面活性剂
形成球状胶束

Na⁺

溶液黏稠
表面活性剂
形成棒状胶束

2.7.3 一抹就化，面霜瞬间被吸收

当你用手指轻轻舀起一款黏稠的，看似内容十分丰富的面霜，把它涂抹在面颊之上时，一下子，这款黏稠的膏霜变得像精油一般稀滑，瞬间钻进了皮肤里。此时，你会做何感想？是因为皮肤太干燥了，所以它快速吸收了面霜的精华？然而，事实上可能只是膏霜的黏度瞬间降低了，给你带来了"被吸收"的肤感。

那么，这款面霜怎么会如此神奇，瞬间由稠变稀呢？说来有些专业，一方面是因为它有较低的屈服应力，另一方面是因为它添加了特殊的脂类。

还记得前文提到的，配方中的结构剂吗？它是一类多枝杈的高分子，在面霜中伸展枝杈，增加体系的黏稠度。在使用面霜时，如果涂抹力大于某一个临界值（屈服应力），就会破坏枝杈间的交织，使面霜的黏稠度骤降。因此，如果选对了结构剂及其用量，就能尽量降低屈服应力，让面霜一抹就化。

另外，面霜中添加了熔点接近皮肤温度的油脂。当它和皮肤接触的一刹那，固态的油脂瞬间融化，像精油一样地铺展在皮肤表面。比如，部分氢化的霍霍巴油和橄榄油，就可以实现这个神奇的变化。

怎么样，还不快去试试你新买的面霜有没有这个效果？

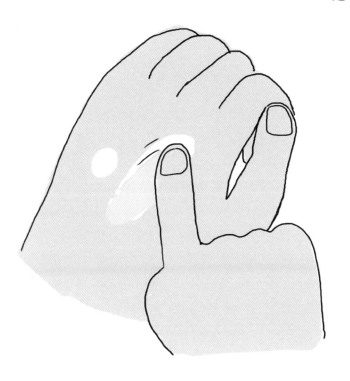

2.7.4 闪闪亮的珠光效果

珠光化妆品最早是专为T台展示或表演秀而设计的，以夸张的光影效果呈现出一种魅惑魔幻的氛围。现在，这种舞台化的化妆品也渐渐进入日常美妆领域。具有珠光效果的指甲油、唇膏、粉底液、眼线膏、眼影和睫毛油层出不穷，甚至有一些护肤品、润肤露等产品也制造了具有珠光效果的版本，这些产品看起来晶晶发亮，涂在皮肤上能够反射出淡淡的珍珠光芒，产生一种自带珠光宝气的动人效果。

化妆品能够泛出珠光，主要是因为里面添加了专用的珠光颜料。珠光颜料由很多粉末组成，在显微镜下观察，这些粉末颗粒其实是一些透明度较高的薄片，每一个薄片就像一把透明的小镜子。当光线照射到它表面时，不仅有一部分光线被直接反射回去，还有一部分光线透射到达薄片的另一层，在那个表面被继续反射。经过多层面的多次反射、投射和折射作用，复杂的光线组合让眼睛很难在一个点上聚焦，就看到了细密的闪动效果。由于部分光线被散射，珠光材料能够反射出多种色彩混合的奇妙光泽，很像珍珠、贝壳等呈现出的"珠光"。

珠光颜料有很多种，现在工业中最常用的是云母钛，这种材料能够呈现珍珠白、彩虹色、柔和的绸缎光泽和灿烂的闪光光泽等效果。云母钛在微观结构上像一个夹心三明治，其内部是一层云母粉，外面均匀地包裹着一层二氧化钛。云母是一种非金属矿物，是含有铝、镁、铁、锂等金属的铝硅酸盐，分布非常广泛，普通沙子里闪光的小点就是云母的碎片。云母自身就具有半透明呈现珠光的特点。二氧化钛则被认为是现今世界上最好的一种白色颜料，常被用来生产防晒霜。云母钛粉的颗粒大小和外面包裹的二氧化钛覆盖量不同，产生的珠光效果也不同。有时候，还能在二氧化钛外面再包裹一层染料，比如铁的氧化物、炭黑等，就会显现出不同颜色的珠光，想涂一个黑珍珠色的指甲油，就要用到这种技术了。

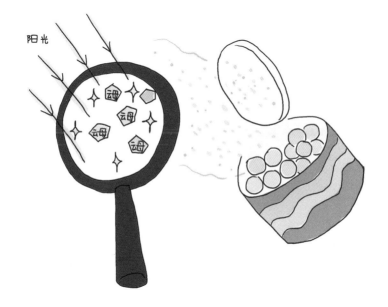

2.7.5　涂抹顺序大有讲究

小W虽然是个理工科的女博士，但她也像其他爱美女性一样，为自己精心配置了全套的护肤产品，比如化妆水、精华液、乳液和膏霜等。这天早晨，她如往常一样准备护肤，突然有个科学问题闪现在脑海：究竟应该按照怎样的顺序涂抹护肤品，才能让它们的功效发挥到最大呢？这个问题让她陷入沉思……

其实，小W想得没错。涂抹护肤品如交响乐队奏乐一样，不仅需要出色的乐师，更需要优秀的指挥家，合理地安排演奏顺序和节奏。涂抹护肤品的顺序大有讲究。大致而言，需要从质地稀薄到浓稠依次使用，并且水质的产品要比膏霜类的产品先使用，而油质的产品通常在最后使用。

那么，这个顺序的原因何在？在第1章讲解皮肤结构时提到过，皮肤最外层的角质层表面有一层油脂膜，用以防止皮肤内的水分过度挥发。温和的清洁产品除清洁皮肤表面污垢外，也会洗脱一部分油脂膜，使得皮肤表面跟水相亲。质地轻薄的护肤品通常含水量在90%以上，活性成分以水溶性为主，如甘油、透明质酸和各种植物精华。因此，在亲水的肌肤上首先涂抹这类产品，容易使其铺展，增大活性成分与皮肤的接触。而质地较浓稠的乳霜，则含有一定量的亲油活性成分，它们被包裹在水里，形成一个个小小的如汤圆般的水胶囊结构。把它们涂抹在肌肤上，当水胶囊的水分挥发后，油性物质得以释放，在皮肤上铺展渗透。最后，涂抹上一层厚重的油性护肤品，起到封釉的作用，锁住水分和精华。

如果顺序颠倒了，比如先使用了乳霜再用精华液，油性成分在皮肤上铺展渗透，必然会阻隔水性活性成分的吸收利用，事倍功半。

如下是小W归纳出的产品使用顺序：（1）洁面产品；（2）化妆水；（3）肌底液/眼霜；（4）精华液；（5）乳液或面霜。

2.8 再来说点儿护发科技

2.8.1 大风起兮，吹乱我毛糙的头发

头发毛糙分叉，困扰着许多爱美女性。甚至不需要有风，头发都会自动翘起，毛毛糙糙的，像是通了电。这其中的原因有生理性的，也有物理性的。

说到生理性，中医认为发为血之精，肝为血之藏。头发的问题跟人的气血不足相关。而物理性是指由外界因素导致的，如大气污染、紫外线伤害、染发、烫发、热吹风等会导致头发水分流失，毛鳞片张开，乃至头皮内部结构损伤。护发产品可以尽量改善物理性的头发毛躁，下面来看看其中的道理。

头发本身容易带负电，这在中学的物理实验中就已经得到了验证：用一个塑料袋在头发上摩擦几次，头发就带了电荷，一部分头发会竖起来。在干燥的季节，即使健康的头发也容易产生静电。护发素中含有带正电的阳离子表面活性剂和阳离子聚合物。这些聚合物就像圣诞节的彩色灯串，挂满了正电荷。这些正电荷会在头发表面铺展，中和部分负电荷，有效减少负电荷的相排斥效应，使头发不容易飞丝翘起。

并且，护发素还含有滋润头发的油性成分。如前文所说，油性成分可以填充毛鳞片空隙，并在头发表面留下一层"薄膜"。通常来讲，这种物质具有层状液晶结构，类似于一层层叠加的千层饼。层与层可以滑动，而水分可以被锁在层间。这种特殊的结构不仅可以赋予头发丝滑感，还可以有效补充水分。

　　同时，护发素中的油性成分还可以改善视觉效果。均匀铺展在发丝上的油脂薄层，可以使光的反射变得均匀一致，减少散乱的漫反射，令头发看起来有自然的光泽。特别地，当有光源垂直照射在头顶时，秀发上会形成一个柔美的光圈。

你的头发你做主——想做爆毛猫，还是想做亮光先生？

2.8.2 头发是"死"的，还是"活"的？

如果有人问你："头发是死的，还是活的？"猜你一定会被难住，因为按照常理推断，如果头发是死的，它就不会生长。更何况，如果头发是死的，为啥还要花那么多工夫和金钱在它上面？因此，你一定会认为：头发应该是活的吧。然而，答案并非如此。

其实，暴露在身体表面的头发是没有任何生命力的角质化细胞，即"死"细胞。这如同指甲与皮肤的角质层一样，没有神经，也没有细胞代谢。那它为什么还会生长呢？头发的生长是由毛囊引起的，依赖于毛囊末端的毛母细胞（hair matrix cell）。毛母细胞持续分裂增殖，使得头发不断生长。具体而言，特化细胞在毛囊中角质化，失去生命力，然后被新生的细胞不断往上推，形成了头发的生长。这个过程和皮肤角质层的形成类似，不同的是，皮肤角质层28天左右就完全成熟脱落，而头发的生长周期可长达几年。

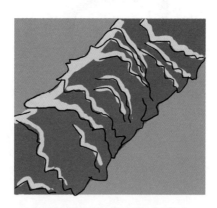

毛糙的头发，竖起的毛鳞片

　　既然头发是死细胞，就不应该存在缺乏营养的问题，那么还需要养护它吗？答案毫无疑问是肯定的！其实，这种养护并不是给头发灌输营养，而是对其表面或内部结构进行物理性的"修补"。这就好像给汽车打蜡，或给皮鞋上油。如果对头发的"修补"不充分，头发就容易失去水分，从而使毛鳞片翘起，难以梳理，并且头发的角蛋白会变脆，使发丝干枯易折断。

　　在众多的头发养护产品中，护发素和发膜是最主要的两类。前文讲过，护发素中的油性成分（比如硅油）可以抚平毛鳞片，并在头发表面形成一层润滑层，减少发丝间的摩擦。这个润滑层还可以帮助锁住发芯（毛髓质）的水分，使头发柔软、亮泽，有弹性。而发膜的使用则需要热过程，以促进配方中的成分透过毛鳞片进入发丝内部，修复纤维组织。

　　就使用频率而言，护发素可以每天使用，但发膜每周最多使用1～2次，并且加热时间在20~25分钟为宜。否则，过犹不及，过高频率地使用发膜，反而会破坏头发的内部结构，损害发质。

　　由此可见，为了没有生命的头发能够"活力四射"，清洁与护理一个都不能少！

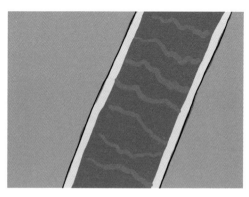

顺滑的头发，服贴的毛鳞片

3
探秘第三波
——彩妆世界

3.1 化妆就是一层层涂"金"

3.1.1 隔离霜隔离了什么？

近年来，雾霾、病菌和重金属等词汇不断登上各搜索引擎的热搜榜，其实这反映着人们对外界污染物的担忧与日俱增。借此之势，一些护肤化妆品开始炒作抗污染的概念，比如这几年特别流行的隔离霜就是一个例子。隔离霜通常宣传的功能无外乎"隔离紫外线，隔离脏空气，隔离彩妆对皮肤的刺激"等。那么，这个讨喜的"隔离"概念真的意味着在皮肤外筑起一层"铜墙铁壁"吗？

隔离霜最早是从欧美国家流行起来的，其实不是为了隔离污染物。一些彩妆师在工作中发现，如果在上妆前使用打底霜来滋润皮肤，往往会让彩妆呈现出更好的效果，因此在英文里常常把打底霜称为"makeup base"，或者"prime"。这类美妆产品被引进到台湾后，商家们为了推广，并且避免消费者对其产生"多此一举"的看法，于是给它起了个新名字——隔离霜。此名一出，让人们自然产生联想：隔离霜为皮肤增加了一层屏障，隔离了彩妆对皮肤的刺激。因此，隔离霜迅速火爆了起来。

要说隔离霜一点隔离功能都没有，也有失偏颇，毕竟多数隔离霜会添加一些防晒成分，能起到隔离紫外线的作用。不过相比专业的防晒霜，隔离霜的SPF值要低一些，更适合在紫外线不强的环境中使用。有些隔离霜配方中还添加了美白、抗氧化、保湿等成分，实现了一部分护肤品的功效。

隔离霜产品含有一定量的色粉，能够起到修饰肤色的作用。而被隔离霜隔开的彩妆，其实就是多种色粉的混合物。因此说，用一种色粉去隔离另外一种色粉，其实并不必要，或者说并无效果。当然，也有一些乳液型的隔离霜，可以增加皮肤的黏附力（表面能），使彩妆的色粉颗粒更容易附着。

可能，有一些妹子会天真地认为，天天面对电脑，需要隔离霜来阻挡辐射。不过，别傻了！如果隔离霜能隔离辐射，医院的X光室多刷几层隔离霜不就行了，还用得着厚铅板吗？其实，电脑辐射属于低频辐射，所携带的能量非常低，对人体肌肤基本无害，也不需要什么护肤和化妆品来防辐射。

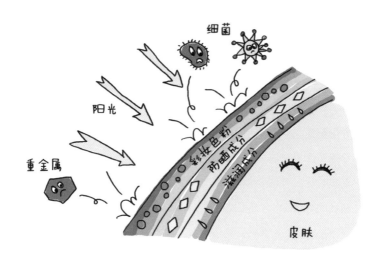

隔离霜到底隔离了什么

3.1.2　涂上粉底液，肤色"格式化"

粉底是最基础的化妆品之一，它的主要作用是遮挡皮肤上的各种瑕疵。涂上粉底的面庞就像一块被格式化的电脑硬盘，为各种美妙图画的输入与存储提供了无限的可能。在诸多形式的粉底产品中，粉底液越来越受到消费者的青睐，因为它不仅能提供更好的使用体验，更能给人以爽滑、轻盈的肤感。

从配方上讲，粉底液主要是由水、油脂、乳化剂和颜料色粉等物质构成的。这些物质以"油包水"或者"水包油"的形式稳定地混合在一起。举个例子来说，可以把粉底液的微观结构想象成一个个微小的气球，如果气球皮是"油膜"做的，水装在里面，这就是油包水型的乳液；反之，如果气球皮是"水膜"做的，油装在里面，这就是水包油型的乳液。"油膜"或者"水膜"是由不同类型的乳化剂促成的。如前文提到的，乳化剂是一种表面活性剂，具有亲水和亲油的部分，通常用亲水—亲油平衡（HLB）值来表征其两部分的比例关系。比如，HLB值越低，乳化剂越亲油，形成油包水的可能性越大；反之，HLB值越高，其越亲水，越有可能促成水包油型的乳液。

当然，太稀的粉底液你一定不会喜欢，因为看着就廉价，并且在使用时很容易流失于指缝。因此，粉底液配方中常常会添加控制黏度和流动性的成分，比如硫酸镁、氯化钠、硬脂酸镁和蒙脱石等。

在肤感调节方面，有些粉底液会添加硅油或者改性硅油，比如聚二甲基硅氧烷，或鲸蜡基聚二甲基硅氧烷等，使皮肤有一种丝绸般的触感。硅油？不错，就是在洗发水贸易战中躺枪的那个硅油，其实对皮肤是完全无害的成分。

要注意的是，有些粉底液为了提供轻盈的肤感，追求一种"无妆感"的体验，会添加较高含量的酒精。虽然酒精蒸发时的清凉感可以平衡产品的黏腻感，但是较高的酒精含量会对皮肤产生刺激，让角质层失水，从而导致皮肤屏障受损。因此，敏感性肌肤要慎用这类产品。

涂上粉底液，肤色"格式化"

3.1.3 白里透红靠粉饼

几乎在每个女生的包包里都装着一个小盒子，打开后，一面是镜子，另一面是粉饼。这种便携式的粉饼产品为女生们随时补妆提供了极大的便利，保证无论何时都能呈现白里透红的迷人肤色。

粉饼是由多种粉料与黏合剂，经过混合、压制而形成的"饼子"。这些粉料大多数是颜料，包括无机颜料和有机颜料。注意，这里说的"有机"与食品中的"有机"是两码事，这个"有机"是指含有碳骨架的化合物。至于无机颜料，氧化铁、二氧化钛和氧化锌都是常见的成分。其中，二氧化钛和氧化锌负责刷白，而氧化铁负责上色。

同时，粉饼中还广泛使用珠光粉，比如云母等。珠光粉的颗粒大小对于粉饼的使用效果有直接的影响：小颗粒的珠光粉能产生如丝绸般的光泽，并且有较好的遮瑕效果；而大颗粒的珠光粉会产生闪耀感，使皮肤点点闪光，如舞台上的明星一般。

此外，有些粉饼能让皮肤产生如彩虹般的独特光泽，秘密在于使用了微—纳米级别的复合型色粉。这种材料可以是小颗粒包裹大颗粒的形式，通过精确控制包裹层的厚度，使得自然光在复合颗粒的不同界面上分别发生反射，进一步形成干涉光，从而在一定角度下呈现彩色的光泽。这种彩色光泽与色粉的本身颜色关系不大，主要是由其微观结构导致的，因此这种颜色也被称为结构色。其实，结构色在自然界中普遍存在，比如有些鱼鳞和甲壳虫的表面，会呈现七彩的光泽，这就是由它们表面的微观结构导致的。

最后，再来说说安全性。粉饼中的滑石粉，成为许多消费者的心病，因为听说这东西致癌。前些年，某国际日化巨头由于滑石粉被判巨额赔偿的新闻更加剧了消费者的担心。

那么，粉饼中为什么要添加滑石粉呢？原因是多方面的。首先，滑石粉价格低廉，可以作为填充剂降低成本。其次，滑石粉可以很好地调节粉饼的黏结程度，避免粉饼压得过于结实，使色粉不容易释放。另外，滑石粉可以有效地调节肤感。其实，曾经的婴儿痱子粉的主要成分就是滑石粉，当然现在的爽身粉产品主要以玉米淀粉为原料。因为滑石粉具有非常低的硬度，并且其晶体是层状的，所以在外力碾压时，易于破裂成鳞片状结构，从而大大降低界面的摩擦力，提供顺滑的手感。另外，由于其具有超强的疏水性，能够有效隔离皮肤汗液，因此还能显著降低皮肤的黏腻感。

滑石粉致癌吗？目前，公认的结论是，滑石粉中的石棉杂质是致癌的。因为滑石粉来自滑石矿，而石棉常常会伴生在滑石矿里，所以有些滑石粉会含有石棉杂质。而对于不含石棉的滑石粉，目前的研究还没有得到一致的结论。其实，纯度高的滑石粉，目前仍被应用在药品、食品、药膏等产品中。

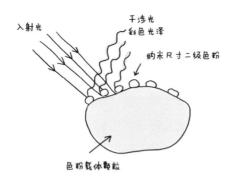

复合型色粉颗粒
产生干涉的彩色光泽

3.2 怀念你那鲜红的唇印

3.2.1 吃掉口红会中毒吗?

在鼓浪屿的一个角落里,静悄悄地经营着一家"口红学院",年轻的店主正在摆弄着各种原料,像制作手工皂一样,研制着一款"可以吃的口红"。不过,口红真的可以吃吗?或者说,每天抹在嘴唇上的口红,如果不小心吃掉了一些,会对身体造成危害吗?要回答这个问题,不妨先来看看口红的主要成分。

制作口红的原材料大致分为成型剂、颜料色粉、油和助剂四类。

成型剂,顾名思义,是使口红形成不软不硬的棒状固体的材料。通常情况下,它们是来自动物或植物的天然蜡,比如蜂蜡、小烛树蜡和巴西棕榈蜡等。可能你一看到"天然"二字,立刻会觉得问题不大,一定能吃。然而,这些蜡的主要化学成分包括蜡酯、烷烃和甘油三酯等。其中,只有甘油三酯能被人体代谢,而其他两种虽然无毒,但如果一次嚼一大口咽下去,很可能让你拉肚子。从这点上看,"可以吃的口红"恐怕不能当零食吃。

颜料色粉(包括珠光粉),主要是一些金属氧化物或者有机大分子。注意,化妆品领域的颜料(pigment)不同于染料(dye),前者通常不溶于水,但能分散在油中,因此不容易被水洗脱;而后者能溶于水,通常用于个人清洁产品的调色。金属氧化物,比如氧化铁,即铁锈,本身对人体无毒,但是它们通常来自金属矿,会携带极微量的重金属。听到重金属,你怕了吧?因此,对色粉原材料的管控是控制其毒性的关键。几年前，一些口红品牌被报道重金属超标，大都栽到了色粉原料不过关上。如果日积月累地涂抹重金属超标的口红，哪怕每天只吃掉一点点，最终都会对身体造成极大的危害。因此，选择质量过硬的品牌的口红，虽然多花点钱，但用得会更安心一些。

口红配方中的油，主要采用植物油，比如蓖麻油等。它的作用是让色粉更均匀地分散到成型剂中，并且调节天然蜡的硬度，让口红易于涂抹。这些油无毒，即使吃掉也问题不大。

最后，来说说口红中的助剂，它们含量较少，但是成分复杂，比如防腐剂、肤感调节剂、保湿剂等。虽然不能说完全无毒，不过因为含量少，就算从嘴唇上抿到嘴里一点，也问题不大。

由此可见，口红要选择质量过硬的品牌，吃掉一点问题不大。

称量各种蜡质和颜料

熔化蜡质，并且混合

膏注入模

冷却脱模

3.2.2　口红也会出汗

你是否有过这样的经历：当你拧出一支口红，正准备涂抹时，忽然发现口红表面凝结了一层细小的水珠，像出汗了一样。

这时你会做何感想？难道是因为天气太热，口红融化了？或是口红过了保质期，不能再使用了？还是，同样放在包包里的爽肤水漏了，把口红泡湿了？无论哪种推断，你可能都不会再继续使用这支口红了。于是，你又买了一支相同品牌的口红，这一次你十分小心地存放它，可是没想到，几天后这只口红也出了一身大汗。这下你彻底懵了，心想：口红啊口红，你是上帝派来玩我的吗？

其实，口红出汗并不意味着变质，继续使用也问题不大，只是可能上妆效果不如以前好了。如上一小节中介绍的，在口红的制作过程中需要使用蓖麻油等油剂把颜料色粉分散，然后再与蜂蜡等成型剂混合。并且，这些油剂在配方中占有很大比例，能达到20%~40%。

从微观结构上讲，成型剂如同形成了三维立体的"板框"结构，把油剂与色粉固定在其细小而繁多的空隙内。那么，问题来了，如果油剂的极性与成型剂相差较大，并且它们之间又缺乏"连接性"成分，板框结构就很难把这些油"锁住"。这就好像意见不同的两个人在一起讨论，如果中间没有调节者，这两个人很可能会吵得不欢而散。那么，当油剂不能被"锁住"时，它会逐渐向外迁移，最终在口红表面形成一层细小的油珠，使得口红像出了汗一样。当然，当环境温度升高时，板框结构会软化，使油剂向外迁移的速度增加，让出汗更快地发生。

其实，细心的读者不妨去查查专利，如今有很多配方发明，是在口红中添加上述的"连接性"成分，避免口红出汗。

由此可见，口红出汗与配方有直接关系，所以如果你发现某支口红会出汗，那么再买一支同款的口红，很有可能也会出汗。

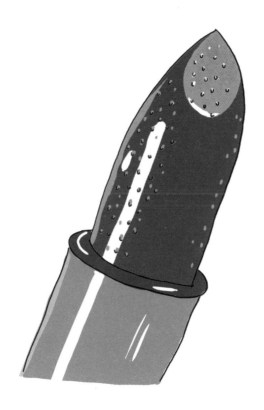

3.2.3 为什么会留下唇印？

涂抹口红的女性或许都有这样的烦恼：喝水时会在杯子上留下唇印；用纸巾轻沾嘴角时会在纸巾上留下唇印；穿脱衣服时，一不小心更会在衣服上留下唇印。鲜红的唇印似乎"到处留情"，无处不在。不过，有些高档口红并非如此，它们在嘴唇上附着得非常好，不会轻易脱落。那么，这其中的原因何在？

这个问题涉及比较复杂的物理化学知识——黏附力（adhesion）和内聚力（cohesion）。从本质上讲，口红膏体从嘴唇转移到其他物体上，无非是两个原因导致的。

第一，嘴唇对口红的黏附力小于其他物体表面对它的黏附力。因此，当口红接触这些物体时，会被拉着脱离嘴唇，形成唇印。黏附力与物体的表面能有很大关系，比如不粘锅，它表面有层涂料，使得其表面能很低，不会轻易黏附饭菜。同样地，如果你用力亲一下不粘锅，肯定也不会留下唇印。相反，一些金属表面，比如干净的并且没有涂层的不锈钢碗，就有很高的表面能。无论你往碗里滴水还是滴油，液体都能很快地在金属表面铺展。这些表面就有很高的黏附力，如果与口红接触，会比较容易留下唇印。有些高档口红为了减少口红的脱落，在配方中添加了与嘴唇皮肤蛋白质结构相似的成分，从而增强膏体与嘴唇的黏附力。

第二，口红膏体内聚力太低，容易破裂。比如，你涂抹了一些劣质口红，不小心在衣服上轻轻一蹭，还没等衣服与嘴唇间的黏附力博弈完成，口红膏体就因为内聚力太低、延展性差，瞬间就四分五裂了，落在衣服上形成了鲜红的印迹。为此，有些高档货会在配方中添加高分子，增加膏体的内聚力。

看到这里，不妨自己判断一下，你的口红为什么会留下唇印吧。

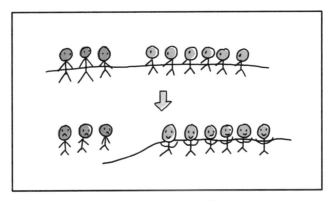

黏附力的强弱对比像拔河，
力量大的一方把口红膏体拉到它那边

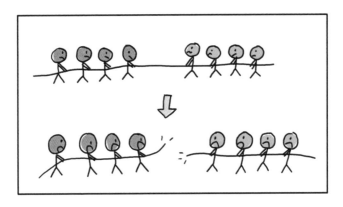

口红膏体的内聚力差，
就像拔河的绳子不结实，一边拉断一半

3.2.4 口红能当润唇膏用吗？

在干燥的北方冬季，润唇膏可谓是女性的必备品。如果几天不涂，保证你都不敢笑，因为一咧嘴，干燥的嘴唇会瞬间皲裂。

除颜色上的差别外，润唇膏看起来和口红很像。那么问题来了，口红可以当润唇膏使用吗？或者说，除色粉外，口红与润唇膏有哪些成分上的差异？这要从两种产品的设计原理讲起。

润唇膏主要通过增加皮肤的封闭性来实现滋润效果：在嘴唇外涂抹一层蜡，把皮肤与干燥的环境隔离，让皮肤有一段"自我疗伤"的时间，从而使其含水量达到健康的状态。为此，润唇膏的配方通常采用较高含量的蜡，并且选择分子量较大、不饱和度较低的脂类，来实现良好的封闭成膜效果。比如，矿脂或部分氢化的植物蜡等。

而口红的设计重点是均匀地把色粉分布到嘴唇上。为此，配方中不会含有很高含量的蜡，因为蜡的流动性不好，很难实现"轻轻一抹就均匀铺展"的效果。并且，口红配方中会添加较高含量的油，来改善蜡的流变性，实现轻薄地上妆。可以推断，口红中虽然也含有蜡，但其对皮肤的封闭效果不及润唇膏。

因此，如果你的嘴唇已经干裂了，建议暂停几天口红，涂上润唇膏，等到皮肤恢复健康后，再继续烈焰红唇。

润唇膏提高皮肤的封闭性，
让干裂的嘴唇得以"自我疗伤"

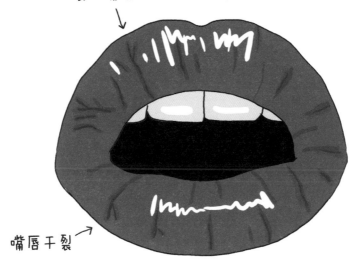

嘴唇干裂

3.3 传情都在眉目间

3.3.1 一刷长一倍，双眸更妩媚

在这个网络直播蔚然成风的年代，每个网红主播都"配备了"一双超大的卡通眼睛，几厘米长的睫毛上下一扇，便能轻松收获一票"飞机、游艇、666"。之所以说"配备"，是因为这些媚人的效果多半是由睫毛膏贡献的。

睫毛膏的刷子轻轻一刷，可以瞬间使睫毛变粗、增长。或许有人认为，它与一些浓发产品的原理类似（如Caboki），通过黏结一些细小的纤维来实现修饰效果。然而，睫毛膏刷在睫毛上的并不是纤维，而是乳液。

乳液？为什么看起来和保湿乳液不一样？其实，为了提高成膜性与黏附性，睫毛膏通常会选用熔点较高的蜡作为乳液的油相，并在其中分散一定量的颜料粉末。这不同于保湿乳液中低熔点且流动性好的油相，自然其外观和触感与之有很大差异。在睫毛膏的制作过程中，高温使蜡熔化，此时它与水通过高速剪切混合在一起，并在乳化剂的帮助下，形成水包油的乳液。当温度降下来后，这个乳液就形成了黏稠的状态。

睫毛膏在应用时，其油相带着颜料色粉附着在睫毛上，并在聚合物的协助下成膜，沿着睫毛方向铺展、延伸，使睫毛看起来变粗、增长。

那么，睫毛膏产品的优劣体现在哪里？当然是修饰效果是否自然。一些不良品会让睫毛粘连在一起，就像几个月没洗过的头发一样，看起来非常不自然。从配方上讲，这主要由两种原因导致：（1）颜料粉末颗

粒太大，并且没有在油相中很好地分散；（2）成膜剂与聚合物的配伍关系没搞好。知道了这些，不妨你也对着镜子仔细分辨一下，你的睫毛膏是不是一支高品质的产品吧。

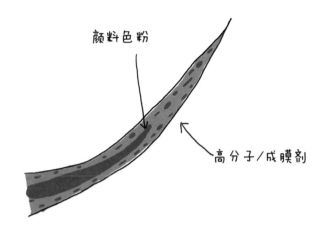

颜料色粉

高分子/成膜剂

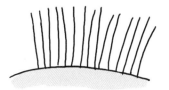

高品质睫毛膏的效果

低品质睫毛膏的效果

3.3.2 眉笔vs眼线笔

古话说"眉清目秀，眉目如画"，可见眉毛和眼睛在很大程度上决定了容貌是否俊美，并且也最能体现一个人的神采与气质。记得《甄嬛传》里，甄嬛就是因为眉眼像极了已故皇后纯元，才被皇上钦点，自此开始了荣辱跌宕的一生。

生活中，使用眉笔和眼线来勾勒眉眼的轮廓，这两种产品像铅笔一样，使用时颇有一种画皮的感觉。如果类比铅笔的型号，眉笔应该算HB，而眼线笔要算是2B了。当然，很少会有人用较硬的眉笔替代较软的眼线笔，因为这样很容易伤到眼睛。但是，反过来，用眼线笔替代眉笔可以吗？嗯，这的确是个有趣的问题。不如，先看看这两种产品的成分差异。

眉笔主要是由油脂、蜡和色素等几大类材料组成的，并且通常会选用刺激性较低的天然成分，比如蜂蜡、可可脂、炭黑等。当然，为了避免眉毛一涂就变成蜡笔小新，眉笔产品会选择熔点适当的蜡（比如，调节天然蜡的氢化程度来改变熔点），并且还会优化油脂在配方中的占比，从而达到调整眉笔硬度的效果，使得每一次涂画仅有适量的色素释放。质量上乘的眉笔还会添加维生素A、维生素E等活性成分，滋养眉毛附近的肌肤，并且营养毛囊。

眼线笔的笔芯不仅包括眉笔的主要成分，还添加了天然胶和黏土等，进一步改善笔芯的黏度、硬度与流变性，便于涂抹。并且眼线笔中常常含有成膜剂，使色粉更好地贴服在眼睑上，并起到一定的防水作用，避免一流泪就晕妆。眼线笔中的颜料一般是矿物原料，例如黑色和棕色的氧化铁、蓝色的天青石、绿色的氧化铬以及白色的二氧化钛等，这些颜料按不同配比搭配，形成不同风格的美妆。

看来，眼线笔替代眉笔，从技术层面上讲，问题不大。只是这样做，一来有些浪费，二来容易把眉毛涂抹得过于浓黑，不太自然。

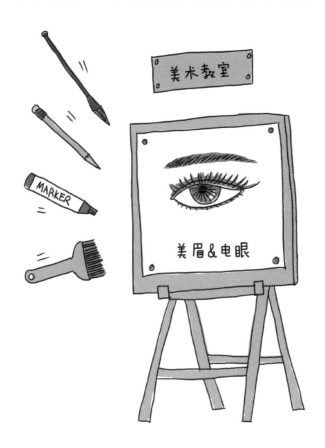

眉笔 VS 眼线笔

3.3.3　魅惑的不是眼神，而是眼影

电影《唐伯虎点秋香》里，秋香的回眸一笑可谓倾国倾城，不仅让唐伯虎，也让许多观众为其美貌所倾倒，而最吸引人的大概就是她那双如弯月的明眸了。俗话说，眼睛是心灵的窗户，那么眼皮就是心灵的窗帘了。对于五官中这么重要的部件，当然需要好好修饰。眼影是彩妆里非常重要的品类，地位与口红不分伯仲，是每个品牌的必争之地。从成分上讲，眼影要远远复杂于其他彩妆。比如，一般的彩妆产品只含有几种色粉原料；而一盒多色的眼影，有时竟会含有四五十种色粉！下面就来看看眼影中到底有哪些东西。

眼影通常含有细小固体颗粒、油脂类物质、色料、润肤剂、黏结剂和成膜剂等。眼睑皮肤是人体皮肤最薄的部分，小于0.1毫米，又靠近眼睛这个娇贵的器官。因此，成分的安全性与刺激性是选材的重中之重。比如，同样是润肤剂，眼影的原料通常要比身体乳的原料标准高出好几个等级，比如对微生物的限定和对杂质的要求。

好的眼影非常容易涂抹，无论是用小刷子还是手指，只需要轻轻一推，就能形成水墨画中的晕染效果。其中，起到关键作用的是细小的固体颗粒，如水合硅石和滑石粉等。颗粒的大小、形状、均匀度都影响着肤感、附着力，以及最后的色彩呈现效果。这些颗粒一般为十几到几十微米，很多经过表面修饰，不易吸潮，自身不容易团聚，并且有很好的流动性。因此，容易铺展，并且对色料能起到很好的分散作用。

相比于细小固体颗粒，油脂类物质在配方中同样重要。一方面，这类物质能使产品本身油润光泽，不干裂。另一方面，它们在涂抹时能起到固色作用。当然，一些大牌厂商在这些成分上费尽心机，不仅提供上

述功能，还要提供清爽的肤感，起到滋润皮肤的效果，甚至美白抗皱，并且还要满足轻松卸妆的要求——真不是件简单的事。

色料无疑是眼影中的核心成分，它直接决定着色彩与光泽，即使相同的颜色，也会呈现出不同的效果，比如，珠光、金属感、哑光。色料一般情况下都经过特殊处理，容易分散，并在不同的基料里都有很好的表现力。各个厂家在色料选择上都有自己的偏好，比如，欧洲的大牌厂家对于有机类色浆色料情有独钟，间或搭配无机矿物类色料；而日系产品则趋向保守，倾心于各种无机类矿物色料的组合搭配。

细腻的色料，薄爽的肤感，一推即开的铺展性，加上极富个性的色彩，让眼影不仅给着妆者良好的使用体验，更提供了赏心悦目的效果。因此，魅动心魄的不仅有美人眸，更有方寸之间的多彩眼影。

魅惑的不是眼神，而是眼影

3.4 上妆不易，卸妆更难

3.4.1 卸妆油，几步之遥？

精致的妆容不仅是舞台和荧幕上的光彩，也逐渐成为办公室里令人赏心悦目的风景线。绘眼影，描腮红，点唇膏，覆毛孔，让靓女们的面庞精致得无以复加。上妆虽不易，但卸妆更复杂。卸妆水、卸妆油、卸妆膏，以及宣称具有卸妆功能的洗面奶等产品琳琅满目，到底它们的功效如何？本小节，先来讲讲卸妆油。

彩妆中，尤其是腮红和眼影，通常含有大量的油脂和粉料。为了改善产品色彩、光泽和在皮肤上的均匀程度，粉料越磨越细。前文中提到过，细小颗粒对光的反射与折射有特殊效果，可以呈现出更加独特的光彩。并且，颗粒体积越小，比表面积就大，能够吸附更多的油脂，从而有利于在相对亲油的皮肤表面均匀地铺展。然而，这事情的另一方面是对卸妆的要求越来越高。卸妆产品要能将这些极细的颗粒从皮肤表面彻底清洁，并且有效地去除油脂成分；否则，颗粒和油脂容易堵塞毛孔，引发皮肤过敏、发炎和痘痘。

卸妆油的主要成分是油脂，它可以有效地溶解彩妆中的油脂成分。注意！这与沐浴露不同，因为起主要作用的不是表面活性剂，而是油。以油溶油，是个相似相溶的物理过程，刺激性很低。彩妆中不同类型的油脂，需要用非极性的油来溶解，比如富含烃类的矿物油的极性几乎为零，而含有酯、醚等基团的油的极性会稍高一些。因此，卸妆油通常是由几种不同类型的油复配而成的。粉状颗粒表面的油脂外衣被脱掉后，

卸妆油

卸妆棉

卸妆水

以油卸妆，一步之遥

吸附能力也就大大降低了，因此就变得容易清洁了。

用卸妆油的时候，需要保证脸和手上不沾水，因为水会形成一层不连续的水膜，阻止卸妆油与彩妆充分接触，降低溶解效果。卸妆油需要在皮肤上停留1~2分钟，一方面促进其与底妆充分接触，另一方面为溶解提供充分的时间。其实，油脂的溶解并不像速溶咖啡一样快，比如腮红中常常含有的羊毛脂成分，在常温下为半固体状态，它在卸妆油中要经历从外而内的软化与溶解过程，这可不是一蹴而就的事情。用卸妆油轻揉几分钟后，可以用化妆棉轻轻擦去卸妆油以及溶解于其中的彩妆油脂，这为之后上阵的洗面奶大大减轻了负担。此时，洗面奶中有限的表面活性剂不用兵分两路，额外地对付卸妆油了，只需要全心全意地清除残余的粉料和油脂就可以了。

卸妆油的溶解效应也会把一部分皮脂溶解下来。因此，在彻底卸妆清洁后，至少要做一下面部的基础保养，给皮肤保湿、封釉。

对于经常化妆的爱美之人，需要有充足的耐心进行卸妆与护理，这才能保证光鲜与皮肤健康同在！其实，男士们也该读读这篇文字，这样你就会明白，自己的女朋友或太太每天晚上对着镜子涂了又抹，抹了又洗，洗了又擦地折腾一两个小时，原因何在。

防水型的防晒霜通常也需要卸妆（这些建议往往会标注在产品的使用说明中），因为它与彩妆类似，同样含有较高含量的油脂，以及大量的粉状颗粒物，如钛白粉和氧化锌等。用卸妆油来对付这类产品，效果会不错的。

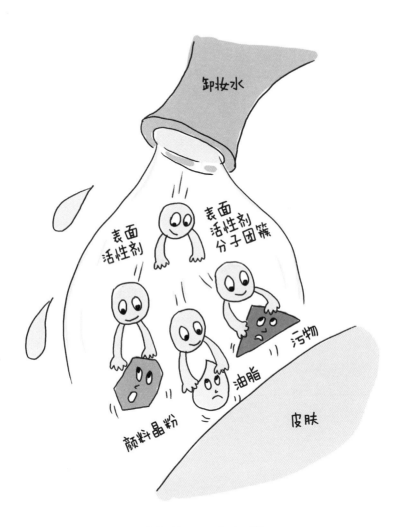

以油卸妆，一步之遥？

3.4.2　水乳卸妆

前文讲到的卸妆油，主要用于去除较厚重的彩妆或防水型的防晒霜，这个过程类似于服装的干洗，以油洗油。而对于日常上班会友时轻描的淡妆，倒不一定非要使用卸妆油这种重型武器，一些较清爽的卸妆水或卸妆乳就足以应付了。

卸妆水，其实是含有低浓度表面活性剂的清洁产品。近两年流行的 Micellar 水（胶束水），就是个例子。从微观结构上讲，产品中的表面活性剂分子抱团，形成了微—纳米尺寸的团簇，而在团簇中心是配方中添加的少量油脂成分。其实，仅从技术角度而言，这类配方没有什么新奇之处，与一些润肤型沐浴露类似。但其巧妙之处在于充分考虑了消费者的使用习惯，即无须进一步稀释，可直接把它倒在手上或者卸妆棉上进行擦拭。而其他含表面活性剂的清洁产品，如洗发水和沐浴露，通常需要稀释才能发挥较好的效果。回想一下洗头和洗澡的过程，很少有人会在头发或皮肤干燥的情况下，涂上黏稠的洗发水或沐浴露开始揉搓吧，肯定需要先用水冲洗一下，这其实就是对清洁产品的一种稀释。

卸妆水里亿万个微小的团簇微球与彩妆接触时，可以把彩妆中的油性成分充分润湿，包裹在其中。团簇中心的油脂与彩妆中的油性成分相容性很好，于是当它们相遇时，就如久别重逢的恋人，会快速地相拥在一起，这使得乳化相融过程很好地完成了。事实上，卸妆水中原本形成的团簇结构，相当于完成了从零到一的乳化步骤；在使用时，对彩妆成分的增容过程，相当于进行了一个从一到百的变化，这可以大大加速卸妆过程。

与此同时，卸妆水中添加的油脂可以使更多的表面活性剂分子抱团，减少其单体的数量。如第1章中所讲，表面活性剂对皮肤的刺激，很大程度上来自其单体的浓度。这样一来，卸妆水可以在很大程度上降低对皮肤的刺激，尤其对于眼睛周围的敏感皮肤，这个功效非常重要。

有些卸妆水产品做成一半油一半水的形式，用前要先摇一摇。这一方面给使用者提供了具有喜感的体验，另一方面可以大大降低配方的技术难度，即可以把水溶性与脂溶性的物质分别添加，而不用考虑配方的稳定性，真是一举两得。

另外，还有一些卸妆乳型的产品，其外观是不透明的乳液状。其实，就微观结构而言，它也是由亿万个表面活性剂的团簇微球构成的，但是这些微球的尺寸常常会达到几十到几百微米，远远比Micellar水中的微球大，所以整个体系看起来不透明。

3.5 指甲油——游走于危险边缘的美丽

小Z家楼下经营着一家理发店，在店面的一个隔间里，同时经营着一家美甲店。每当他去这家店理发时，扑面而来的总是一股熟悉的刺鼻味道。作为化学专业出身的他，仿佛瞬间回到了学生时代的有机化学实验室。这时，他总会下意识地摸摸口鼻，检查防毒面具是否已经戴好。可是，突然传来的一句："小姐，您的指甲做好了"。让他意识到，那只是美甲店飘来的气味。看着那些仅用医用口罩遮住口鼻的美甲师们，以及那一个个尽情享受着美甲过程的美女们，小Z不禁替她们心塞起来，真觉得应该写点什么让她们知道这其中的危害。

指甲油的配方，七成以上是挥发性极强的有机溶剂，其余包括成膜剂（如树脂或硝化纤维）、黏度调节剂（如膨润土等）以及颜料（如，金属氧化物和有机颜料）。当涂抹在指甲上后，有机溶剂快速挥发，促使成膜剂固化，把颜料附着在指甲上。

这些有机溶剂通常采用小分子酯类、异丙醇、丙酮、邻苯二甲酸和甲醛等，其毒性绝对不容小觑。比如，异丙醇对眼、鼻、喉的黏膜有较强的刺激，长期接触很容易导致头痛。这点，小Z在学生时代深有感触。丙酮蒸气会导致咽炎、支气管炎、皮炎，甚至还会影响神经系统。邻苯二甲酸就更厉害了，会影响激素的分泌，特别对孕妇的影响极大。而甲醛，相信不用多说了吧，是装修时避之不及的成分。

那么，指甲油的正确使用方式，是在相对空旷并且通风良好的环境中涂抹，并且涂抹时要注意口鼻与指甲的距离，避免过近。对于长期从事美甲行业的人员，绝对应该佩戴防毒面具。

　　不妨设想一下，如果有家美甲店，给每位客人都准备一个佩戴舒适、外观精美的一次性防毒面具，是不是更能给人以专业、贴心的印象呢？

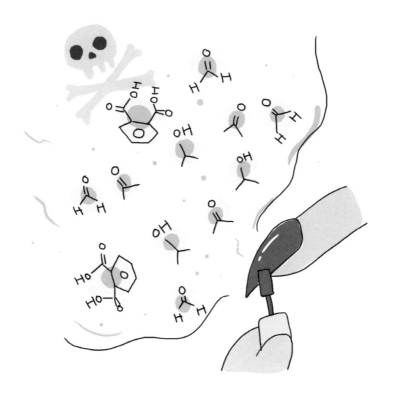